安徽省高等学校省级质量工程“六卓越、一拔尖”卓越人才培养创新项目：
学前教育专业卓越教师培养创新项目（二类教研）
（课题编号：2020zyrc118）（立项时间：2020.12.20）

实践应用型学前教育专业精品教材

学前儿童发展心理学

主　编　杨美男　李彩霞
副主编　赵玉环　宋鹏雁　张冬瑞
　　　　刘红艳　李晓侠　刘慧敏

中国人民大学出版社
·北京·

图书在版编目（CIP）数据

学前儿童发展心理学 / 杨美男，李彩霞主编. -- 北京：中国人民大学出版社，2021.11
实践应用型学前教育专业精品教材
ISBN 978-7-300-29915-0

Ⅰ. ①学… Ⅱ. ①杨… ②李… Ⅲ. ①学前儿童－儿童心理学－发展心理学－幼儿师范学校－教材 Ⅳ. ① B844.12

中国版本图书馆 CIP 数据核字（2021）第 195810 号

实践应用型学前教育专业精品教材
学前儿童发展心理学
主　编　杨美男　李彩霞
副主编　赵玉环　宋鹏雁　张冬瑞　刘红艳　李晓侠　刘慧敏
Xueqian Ertong Fazhan Xinlixue

出版发行	中国人民大学出版社		
社　　址	北京中关村大街 31 号	邮政编码	100080
电　　话	010－62511242（总编室）		010－62511770（质管部）
	010－82501766（邮购部）		010－62514148（门市部）
	010－62515195（发行公司）		010－62515275（盗版举报）
网　　址	http://www.crup.com.cn		
经　　销	新华书店		
印　　刷	天津鑫丰华印务有限公司		
规　　格	185 mm × 260 mm　16 开本	版　　次	2021 年 11 月第 1 版
印　　张	15.5	印　　次	2021 年 11 月第 1 次印刷
字　　数	270 000	定　　价	45.00 元

出版说明

随着经济社会的不断发展，人们生活水平的不断提高，教育在社会中的作用日益凸显。尤其是随着近年来二孩、三孩政策的推出，整个社会对学前教育的重视程度达到前所未有的高度。这无疑对当前的学前教育事业，以及学前教育人才培养体系提出了更高的要求，也为新时代学前教育教学改革、教师素质提升、新形态教材建设工作提供了新的探究视角。为了适应时代需求，深入学习贯彻习近平新时代中国特色社会主义思想、《中共中央 国务院关于学前教育深化改革规范发展的若干意见》，结合“三教”改革契机和国家规划教材、全国优秀教材申报和评选工作，中国人民大学出版社组织策划了“实践应用型学前教育专业精品教材”。

本套教材依据教育部颁发的《幼儿园教育指导纲要（试行）》《幼儿园教师专业标准（试行）》《3～6岁儿童学习与发展指南》等文件要求，坚持理论联系实际，注重讲、学、练结合，突出岗位技能训练，在内容和体例上力求做到科学、实用、新颖。其中，理论知识构建以阐述基本问题为主，语言表述通俗易懂，便于理解；专业技能训练与幼教机构的实际需求相对接，具有较强的实用性和可操作性。在教材形态上，倡导新型活页式教材和工作手册式教材，突出以工作任务为导向的项目化教学模式，融合课程内容与职业岗位基本要求，旨在培养具备学前教育教学和课程开发能力，以及“说、弹、唱、做、演”等综合能力的“一专多能”型学前教育人才。

为更好地落实《教育部等四部门印发〈关于在院校实施“学历证书＋若干职业技能等级证书”制度试点方案〉的通知》（教职成〔2019〕6号）等文件精神，积极稳妥推进1+X证书制度工作，实现学前教育专业“岗课赛证融通”的综合育人模式，我社邀请知名院校和教研机构专家及一线知名教师，结合历年幼儿园教师资格考试的规律、特点，在移动平台上为广大学前教育专业的学生和从业人员开发了幼儿园教师资格考试立体化学习资源库。该资源库包括“幼儿园综合素质”“幼儿园保教知识与能力”两个科目的在线视频课程，以及配套的历年真题、模拟练习、章节练习等资源，可以为学习者提供全面、系统、科学的幼儿园教师资格考试学习指导。

中国人民大学出版社历来重视专业建设、课程改革和教师培训工作，在学前教育、早期教育、婴幼儿托育服务与管理等专业领域持续提供相关服务，包括教材开发、资源建设、举办教学研讨会议、师资培训等。我们将一如既往致力于学前教育专业建设和人才培养工作，欢迎广大教师和相关社会从业人员给我们多提宝贵建议和意见，共同为培养德智体美劳全面发展的社会主义建设者和接班人贡献一份自己的力量！

中国人民大学出版社

前　言

无论是《国务院关于当前发展学前教育的若干意见》还是《国家中长期教育改革和发展规划纲要（2010—2020年）》，最终的目标都是促进学前儿童健康、全面的发展。学前儿童发展是指学前儿童在身体和心理各方面的协调发展，而学前期又是个体诸多心理特质和能力发展的关键时期。因此，了解并能够根据学前儿童身心发展的特点和规律来对其进行早期教育，无论是对于教师还是家长来讲都是非常重要的。学前儿童发展心理学就是探讨学前儿童心理发展特点的科学。

学前儿童发展心理学是高职高专学前教育专业学生的专业必修课。本书根据高职院校的学前教育专业教学标准，在把握时代特征的同时借鉴学前教育界前辈与同行的研究成果，注重实用性与操作性，既可作为学前教育专业学生的教材，也可以作为幼儿园教师的参考用书。本书具有以下特点：

1. 体例灵活多样，每章开头有学习目标、学习重难点、教学建议，文中有资料链接，章末有本章小结和同步练习，谋篇布局尽量让读者能够轻松阅读。

2. 理论与实践相结合，可操作性强。

3. 语言通俗易懂，便于读者理解和接受。

本书包含四大部分共十二章内容，其中，第一章和第二章为绪论部分，包括学前儿童发展心理学概述和学前儿童心理发展的基本理论等内容；第三章至第六章为第二部分，即学前儿童认知的发展，详细介绍了学前儿童注意、感知觉、记忆、想象、思维、言语、智力和创造力的发展特点及培养要点；第七章至第九章为第三部分，即学前儿童情绪、个性和社会性的发展，详细介绍了学前儿童情绪、情感、气质、自我意识、人际关系和社会行为的发展特点及促进其发展的教育建议；第十章至第十二章为第四部分，即学前儿童心理健康的促进，详细介绍了学前儿童游戏心理、学习心理与心理健康的发展特点及促进其发展的教育建议。

本书同时是安徽省高等学校省级质量工程“六卓越、一拔尖”卓越人才培养创新项目：学前教育专业卓越教师培养创新项目的研究成果，书中内容与观点是编写团队关于学前儿童心理发展问题的探索和思考的阶段性总结。本书由杨美男、李彩霞担任主编，赵玉环、宋鹏雁、张冬瑞、刘红艳、李晓侠、刘慧敏担任副主编，参编人员包括郭玮、单丹丹、董春丽、王雯妍、李汶聪、俞苗苗、赵敏晅、严子玥、李佳颖、董春媛、张雪、纪雅晴、陆小庆、董艳娇等。在编写过程中，编写成员都耗费很多精力，但仍难免有许多不足之处，希望各位专家、同行、读者不吝赐教，批评指正。同时，感谢这本书所参考和引用书目的原作者所提供的资料和智慧。

杨美男

目　录

第一部分

绪　　论

第一章　学前儿童发展心理学概述

学习目标

1. 了解学前儿童发展心理学研究的理论价值、实践意义。

2. 熟悉学前儿童发展心理学研究的内容和任务。

3. 掌握学前儿童发展心理学常用的研究方法，了解每种研究方法的优点和缺点。

学习重难点

1. 重点：学前儿童发展心理学的研究意义、研究方法。

2. 难点：学前儿童发展心理学的研究方法。

教学建议

教学时要注意结合实例阐释各种理论，例如，讲解学前儿童发展心理学的研究意义时，可以举些实例帮助学生理解相关知识要点。

第一节 学前儿童发展心理学的任务

心理学是研究人的心理现象及其规律的学科，发展至今，心理学已经拥有了自己完善的学科体系。按性质可以把心理学分为两大体系：基础心理学领域和应用心理学领域。发展心理学属于基础心理学领域中的一门分支学科，是研究个体从胚胎到出生乃至衰老、死亡的生命全程中心理发生发展的特点和规律的学科。发展心理学又包括成人心理学、青少年心理学、老年心理学等。学前儿童心理学是发展心理学的重要组成部分。学前期是个体心理发展最重要的时期之一，是个体许多心理特质和能力发展的关键期，因而学前儿童的心理发展研究备受关注和重视。

一、学前儿童发展心理学的概念

学前儿童发展心理学是以学前儿童为对象，研究个体从出生至上小学前这一成长过程中心理发展特点及其规律的学科。0～6岁的儿童统称学前儿童，该阶段又可以分为两个时期，其中0～3岁为婴儿期，3～6岁为幼儿期。

二、学前儿童发展心理学的研究任务

（一）阐述学前儿童各个年龄阶段心理发展的基本特征

0～6岁是人生的初始阶段，在这个阶段，儿童的身心处于快速发展时期，而且他们的身心发展有自己的特点，一方面和成人不同，另一方面和学龄期的孩子也有很大的差异。整个学前期又可以划分为不同的阶段，在语言、思维认知以及情绪情感等方面，每个年龄阶段的心理发展都有与其他各个年龄阶段不同的典型特征。例如，在对不同发展阶段学前儿童言语发展的研究中发现，每个阶段都呈现出不同的特点：出生后第一年是前言语阶段，1～3岁是言语发生阶段，3岁以后则是基本掌握口语阶段。探讨和研究学前期儿童个体心理发展的阶段特点是学前儿童发展心理学中一项重要的研究任务。

（二）揭示学前儿童心理变化发展的机制和规律

心理发展的机制主要指心理发展受哪些因素的影响，以及这些因素是如何影响心理发展的。所以，对学前儿童心理发展特征的阐述只是学前儿童心理学研究任务的部分内容，除此之外，还需要进一步揭示学前儿童心理为什么会发生，什么因素在推动着学前儿童心理的发展，学前儿童心理发展的条件是什么。归纳起来，这一任务就是要回答如下两个问题：先天素质和后天环境在学前儿童心理发展中有何关系？学前儿童心理发展受哪些因素的影响？由于不同的学者在研究时选择的角度和方法不同，其对于学前儿童心理发展机制的观点也不同。

（三）预测和控制学前儿童心理发展中存在的问题

预测是指在相关理论基础之上通过一系列的推理，对研究对象以后可能出现的发展变化以及在某种情境中可能会有的反应作出相关的判断。在学前儿童发展心理学的相关研究成果基础上，一方面可以根据学前儿童心理发展的特征和规律来确定教育的目的，选择教育的内容，确定教育活动的具体方式，以满足学前儿童的需要和兴趣，展现他们的能力，使学前儿童的心理得以健康发展；另一方面可以预测或及时发现学前儿童在不同年龄阶段、不同情境下心理发展过程中存在的问题，并能进行干预和解决，以保证学前儿童心理健康发展。所以，及早地发现学前儿童在心理发展过程中的问题以及尽早地解决问题，也是学前儿童发展心理学研究的任务之一。

第二节　学前儿童发展心理学的研究意义

一、学前儿童发展心理学研究的理论价值

（一）有助于丰富学前儿童发展心理学的理论体系

由于受理论和研究方法的制约，0～6岁学前儿童心理发展的研究一直比较薄弱，自学前儿童心理学诞生以来，人们运用各种研究方法归纳和揭示学前儿童心理发展的基本规律，总结各种理论，大大地丰富了学前儿童发展心理学的理论体系，促进了学前儿童心理科学的发展。学前儿童发展心理学是有关学前儿童心理发展的

基础学科，不仅介绍了学前儿童心理发展的途径和方式，而且也介绍了这个领域的研究现状。通过这门学科，人们可以对学前儿童心理有一个全面而科学的了解，有助于形成相应的理论脉络。

（二）有助于建立正确的儿童观和教育观

儿童的心理与成人是截然不同的，他们的内心世界充满了成年人觉得无法理解、不可想象的东西。儿童有自己的心理特点，学前儿童和小学儿童是不一样的，而三四岁的儿童与五六岁的儿童心理发展特点也不一样。所以无论是老师还是家长，一方面，不能用成人的眼光去看待和要求儿童；另一方面，对于处于不同年龄阶段的学前儿童，也应避免用同样的方法和标准去教育他们。学前儿童心理学的研究成果，可以帮助相关教育者和家长弄清楚究竟应该怎样看待孩子，如何正确、合理地认识和教育他们。所以，对学前儿童心理发展规律及其研究成果的学习，有助于教育工作者形成正确的儿童观和教育观，为培养学前儿童的健康心理奠定坚实的理论基础。

二、学前儿童发展心理学研究的实践意义

（一）指导做好学前儿童教育工作

学前儿童心理发展的研究成果对所有有关学前儿童的实践工作均具有指导意义。通过学前儿童发展心理学的相关研究，了解学前儿童的认知、感知、言语、情感等方面的发展特点，可以更好地促进学前儿童心理品质的发展；而且还可以帮助我们预见学前儿童心理发展过程中可能出现的问题，及早发现问题儿童，并在此基础上及时给予恰当的教育或干预，以提高学前儿童心理健康发展水平。

（二）为有关学前儿童的工作实践提供科学依据

对学前儿童开展的实际工作既特殊又重要，这个阶段的儿童既懵懂又脆弱，因此，对他们的教育和保育必须依据其身心发展水平和需要来进行。所以，各种学前教育场所的环境布置、一日生活安排、保教卫生条件的设置等，都应该遵循学前儿童的心理发展特点，为其提供恰当、科学的教育。学前儿童心理学的相关研究所提供的学前儿童心理发展的知识，还有助于维护学前儿童心理健康，帮助发现和治疗学前儿童心理方面的发育障碍和异常。我们相信，学前儿童心理学会对促进学前儿童身心健康发展、提高学前儿童生活品质以及推动整个社会的进步作出更大的贡献。

第三节　学前儿童发展心理学的研究方法

学前儿童发展心理学的研究方法有很多，常用的主要有观察法、实验法、调查法以及活动产品分析法等。

一、观察法

（一）观察法的概念

观察法是一种应用非常广泛的科学研究方法，是指有计划、有目的地观察学前儿童在某种条件下（包括家庭日常生活、幼儿园游戏等环境中）外部言行的表现和变化，并对观察结果进行记录，在此基础上分析和评判学前儿童心理发展特点的方法。

该方法特别适合于学前儿童心理发展与心理反应的研究，比较符合学前儿童的身心发展特点，因为在观察过程中学前儿童不会去刻意地伪装或掩饰自己的行为，也不需要他们作出超越自身的反应。该方法在学前儿童研究中历史悠久，中外历史上很多学者都曾用观察法研究过学前儿童的心理发展，并且取得了丰富的研究成果。

资料链接

月月吃完了手里的蛋糕，张开两只小手作轻轻拍手状，妈妈看到后就拿了一张纸巾给她，她自己仔细地擦干净嘴巴，然后想把纸巾还给妈妈，妈妈说："来，宝贝，自己丢到垃圾桶里面！"于是，月月拿起纸巾走到厨房很开心地将纸巾扔到垃圾筒里了。

分析：月月饭后能够独立清洁自己的嘴巴，并能遵从大人的要求去丢垃圾，养成爱劳动、讲卫生的好习惯。

（二）观察法的分类

观察法按不同的维度可分为不同的类型。

1. 从时间上看

从时间上看，观察法可分为长期观察和定期观察。长期观察指研究者在一个较长的时间段内对观察对象进行连续的系统观察，获得资料和信息并进行整理和分析。定期观察指研究者按照一定的时间间隔有规律地（如每周两回）进行观察，持续一定的时间后再予以总结。

2. 从范围上看

从范围上看，观察法可分为全面观察和重点观察。全面观察指在同一研究项目内对若干心理现象同时进行观察记录。重点观察则是指在同一研究项目内只观察和记录某一特定心理现象。

3. 从规模上看

从规模上看，观察法可分为群体观察和个体观察。群体观察指研究者对某一群体进行观察，系统、详尽地记录这一群体中发生的各种活动。个体观察指对某一特定个体进行专门观察，这是一种最简便易行、最直接的心理研究方法。个体观察同样也适用于对一些特殊个体（如天才儿童、精神病患者等）的研究。

4. 从观察条件上看

从观察条件上看，观察法可分为自然观察和控制观察。自然观察即在日常生活情境下进行的观察。如我们到一些早教机构去蹲守观察，了解一些学前儿童日常的活动，记录相关信息，并据此了解他们的心理特点和心理发展变化的过程。控制观察即将观察对象放入实验室中，通过有目的地控制观察环境中的一些变量进行观察。

资料链接

以心理学中使用较多的单向玻璃观察室为例，比如在某一个观察实验中，我们可以在一个安装有单向玻璃的实验室中放置很多有趣的玩具，然后将观察对象带入实验室中，这时外面的人可以清楚地看到实验室里面的情景，但是里面的儿童并不能看到实验室外的事物，他们并不知道有人在观察他们，不会对自己的真实行为举止进行掩饰和伪装，这就保证了观察内容的真实有效性。实验者事先会告诉儿童，这里面的玩具只能观赏但不可以碰触或玩耍，然后让孩子们独自待在实验室里，实验者悄悄在实验室外观察室内的情景，主要是观察这些孩子是否能克制住自己的好奇心而不去碰触那些玩具，由此了解他们抵制外界诱惑、约束自身行为的意志力水平。这就是一种控制观察。

（三）观察法运用的注意事项

1. 确定要观察的行为特征

必须事先明确观察目标，越具体、越细致越好，并事先准备好观察记录表，以便随时记下观察到的信息资料。

2. 准备好观察记录的工具

除笔和本之外，还可以充分利用电子仪器，如照相机、录音机、录像机等，以便获得更直观、翔实的资料。

（四）观察法的优缺点

1. 优点

保持了观察对象心理的自然性，结果真实。

2. 缺点

不够严谨，记录方法会影响观察结果的真实性和客观性，而且观察法只能给出现象和事实，无法探索因果关系，有时还会受研究者自身因素的影响。

二、实验法

实验法的运用对于心理学成为一门独立的科学发挥了重要作用。19 世纪前，主要采用思辩的方法研究心理学，哲学色彩浓厚。19 世纪后，主要采用实验的方法研究心理学，使心理学研究的科学性得到了极大的提高。1879 年，冯特在德国的莱比锡大学建立了世界上第一所心理学实验室。1885 年，艾宾浩斯采用实验的方法对高级心理过程记忆进行了研究。

（一）实验法的概念

实验法是一种有控制的观察，是指研究者根据一定的研究目的，通过操纵和控制被试的活动条件，对由此引起的心理现象进行观察研究，从而研究特定条件与某种心理现象之间的关系的方法。

（二）实验法的分类

1. 实验室实验法

实验室实验法是指在心理实验室里，使用专门的仪器设备进行心理研究的方法。它可以提供更加客观、准确的实验结果，常用于对感知、记忆、思维等心理过程方面的心理活动的研究。

2. 自然实验法

自然实验法是指在被试的日常生活情境中，通过创设某种条件，以引起被试出现特定心理现象并加以研究的方法。例如在教室里不影响正常课堂教学的情况下，研究教师上课的语速对小学生听课专注力的影响；在操场上研究学前儿童在体育活动中的互助行为等。

（三）实验研究的一般程序

1. 形成理论假设

在实验前通过查阅文献或观察形成假设。

2. 实验设计

（1）确定自变量及其水平。例如在研究室内亮度对阅读速度的影响的实验中，处于变化中的、可操控的变量即自变量，是室内亮度。可能还会有一些其他的因素影响到实验过程，如被试的年龄、知识水平、健康状况等因素，这些都应该被有效地控制，使其不至于对被试的阅读速度产生影响。

（2）确定因变量。因变量就是研究人员要观察和测量的变量，因变量取决于自变量，要受到自变量的影响。如上面的实验中，因变量就是阅读速度。

（3）选择被试。

（4）实施实验、实验观测、记录数据。

（5）运用统计软件进行统计分析。

（6）得出结论。

（四）实验法的优缺点

1. 优点

可以揭示因果关系，可重复、可检验，结果更加准确、客观。

2. 缺点

需要专业人员对实验条件进行操控，实验室实验法还面临着实验场地、仪器等的限制。

三、调查法

调查法就是通过口头访谈或书面问卷的方式，间接地对学前儿童的心理特点以及心理发展进行有计划、系统的了解和研究的方法。无论是在时间上还是空间上，调查法都具有观察法所不具备的优势，比如在空间上，配合研究课题的需要，调查法可以突破地域限制，进行跨国研究，而且对于研究对象的数量，调查法拥有更大的选择自由，可以同时调查更多对象。

（一）问卷法

1. 问卷法的概念

问卷法是指根据研究课题的需要，以书面形式把想要调查研究的主题通过一些简单明确的问题表达出来，编制成问卷让被试回答，然后根据回收的调查数据进行统计分析，得出相关结论的方法。

2. 问卷法的优点

操作简单易行；因为不记名，所以被调查者可以更加如实地回答问题，使调查结果更为可靠；抽样范围广，时间和经费成本低；不受时间、空间的限制；能在短期内获得大量资料信息。

3. 问卷法的缺点

要深思熟虑，仔细设计和编订问卷，如果问题表达不清楚或者问题维度设计不全面，就会直接降低调查结果的可靠性；抽样时需要认真考虑样本有没有代表性；对于虚假答案难以辨别，导致所得调查结果信度降低等。

（二）谈话法

1. 谈话法的概念

谈话法是指根据事先设定好的研究目的，通过与研究对象直接面对面进行口头交谈的途径，了解研究对象的想法和心理特点的一种研究方法。谈话过程中要注意内容的选择一定要围绕研究目的进行。访谈者应该有娴熟的语言沟通技巧。谈话中要注意尊重儿童的人格，以包容、恳切的态度听取儿童所说的一切。

2. 谈话法的优点

具有较高的准确性和真实性，尤其适用于书面语言能力欠缺的儿童。

3. 谈话法的缺点

对访谈者自身条件的要求较高，比如要有较好的语言沟通能力；对访谈结果进行量化的难度较大；不太适合年龄太小的儿童，因为他们的语言表达和理解能力还有所欠缺。

四、活动产品分析法

（一）活动产品分析法的概念

活动产品分析法是指通过分析研究对象的作品，如作业、日记、涂鸦作品（见图 1-1）等，从中分析和了解他们的心理发展特点的方法。对于年龄较小的学前儿童来说，他们的口头语言和书面语言能力还不是很强，并不能完全准确地表达自己的所思所想，而通过儿童的作品，可以了解儿童的能力发展情况，以及认知水平、内心想法。在这种情况下，活动产品分析法作为一种研究方法就具有很大的优势。

图 1-1　一名儿童的涂鸦作品

（二）活动产品分析法的优缺点

1. 优点

采用这种方法时儿童没有紧张和抵触心理，更容易获得研究对象的真实情况；有利于全面了解儿童，获得客观信息。

2. 缺点

有误差性，同一件作品由不同的人进行分析，结果可能相差较大，但这种误差是无法避免的；分析每一件作品所需要的时间较多。

本章小结

学前儿童发展心理学是发展心理学的一个分支，而发展心理学又是心理学中的一个重要门类。由于大部分学习者对于和该门学科相关的基本知识并没有太多了解，因此作为课程的开始部分，本章首先要帮助学习者对学前儿童发展心理学这一门学科有个基本认识。本章主要介绍了学前儿童发展心理学这门学科的基本知识，包括三节：第一节主要阐述了学前儿童发展心理学的研究任务，即阐述学前儿童各个年龄阶段心理发展的基本特征，揭示学前儿童心理变化发展的机制和规律，预测和控制学前儿童心理发展中存在的问题。第二节则主要阐述学前儿童发展心理学的研究意义，主要有理论价值和实践意义两方面。第三节着重阐述学前儿童发展心理学的研究方法，常用的包括观察法、实验法、调查法和活动产品分析法等。本章所阐述的基本内容和基本观点，可以使学习者对该门课程有一个基本了解，同时对本课程后面内容的学习也具有一定的引领作用。

本章主要内容如图所示：

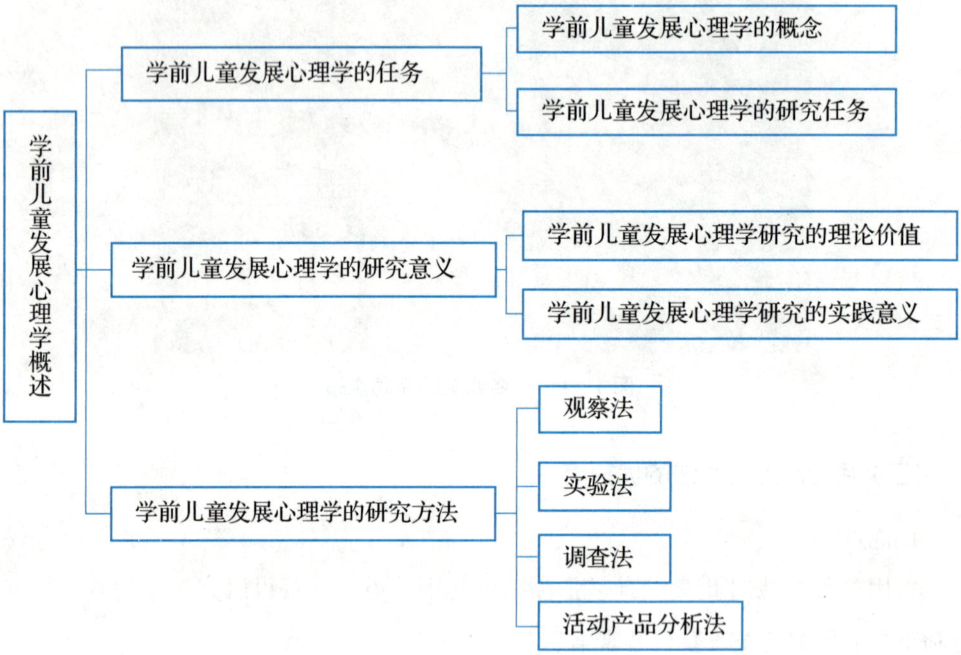

同步练习

一、名词解释

学前儿童发展心理学　观察法　实验法　调查法　活动产品分析法

二、简答题

1. 用自己的语言阐述学前儿童发展心理学的研究意义。
2. 评析采用观察法研究学前儿童发展心理学的优缺点。

三、活动设计题

研究者为了了解幼儿对男女的刻板印象，设计了24个问题来测试他们对男性和女性的大致印象。每个问题都是一个小故事，有的运用描述典型男性的形容词（如强有力、粗暴），有的运用描述典型女性的形容词（如情绪性、易激动），让幼儿说出每个故事中所描述的是男性还是女性。研究结果发现，幼儿也能区分故事中所指的是男性还是女性，即其已经具备了有关性别角色的刻板印象。

该研究中运用的是什么研究方法？说出该研究方法的含义。

第二章　学前儿童心理发展的基本理论

学习目标

1. 掌握学前儿童心理发展的影响因素。

2. 识记学前儿童心理发展的年龄特征。

3. 了解儿童心理发展理论流派及其主要观点，识记每种流派的代表人物。

学习重难点

1. 重点：学前儿童心理发展的影响因素；学前儿童心理发展的年龄特征；儿童心理发展理论流派及其主要观点。

2. 难点：儿童心理发展理论流派的主要观点。

教学建议

给学生列出本章的参考书目，因为本章理论内容较多，有的部分还需要有相应的心理学知识基础才可以理解，通过拓展阅读可以帮助学生更好地了解这些理论知识。

第一节　学前儿童心理发展的影响因素

学前儿童的心理发展是一个很复杂的过程，会受到诸多因素的影响，概括起来主要有两个方面：生物学因素和环境因素。

一、影响学前儿童心理发展的生物学因素

影响学前儿童心理发展的生物学因素主要包括遗传因素和成熟因素两种。

（一）遗传因素

遗传是一种先天因素，是指亲代的生物特性传递给下一代的现象。生物特性主要指那些与生俱来的生理解剖特性，包括身体的构造、形态、血型和神经系统等的特征。这些遗传的生物特征也叫遗传素质。其中，神经系统的结构与特点对学前儿童的心理发展具有重要意义。基因是遗传物质的基本单位。遗传是个体心理发展的物质前提和基础，学前儿童就是在这种生物的物质基础上形成了自己的心理特征。遗传因素不仅影响着学前儿童最初的成长，对其以后的生长发育过程也会起到制约作用。

遗传因素对学前儿童心理发展的作用主要体现在以下两个方面。

1. 为学前儿童心理发展提供物质前提

正常的心理发展必须以正常、健全的遗传特征为前提和基础，缺少这个基础，学前儿童某些方面的心理就无法得到正常发展。这就好比一个先天失明的人，要想掌握绘画的基本技能就很难。每一个具有正常遗传素质的胎儿，都有可能发展成为一个具有健全心理发展水平的人。缺少正常的遗传素质，其相应心理现象的产生和发展就会出现异常。人类共有 46 条染色体，前 22 对染色体被称为常染色体，第 23 对被称为性染色体，决定着胎儿的性别。来自亲代的性细胞经过减数分裂过程，细胞中的染色体数量减少一半，在这个过程中，可能会产生不正常的染色体或染色体配对，这将对个体的身心发展产生严重的影响，可能会导致遗传疾病的出现，致使神经系统受损、智力低下等。

2. 奠定了心理发展个体差异的最初基础

遗传素质的不同是造成心理发展个体差异的重要因素，每个个体在出生时就

已经具有了自己独特的基因，存在不同的发展可能性。实践表明，如果 6 个月大的婴儿对不断发生变化的情境报以哭闹或蹬腿的行为反应，那么到 3 岁时他们往往表现出胆小、拘谨、内向等性格特点。而如果 6 个月大的婴儿对同样的刺激报以愉快轻松的微笑，那么到 3 岁时他们通常表现出大胆、活泼、喜欢热闹等性格特点。

个体的身高、外貌、性别、智力水平、气质类型等身心特点都是由遗传决定的，而这些差异又会导致心理机能的差异性。比如气质，气质是先天的、与生俱来的，婴儿刚刚出生的时候就表现出气质上的差异，有的婴儿哭声响亮，有的则比较安静；有的对外界刺激反应比较敏感，有的则相对迟钝。而婴儿的气质特点，又影响着父母对孩子的教养态度。脾气急躁、爱哭闹的婴儿，经常让父母手忙脚乱、狼狈不堪，父母对孩子的态度自然也会比较烦躁，这样也容易导致孩子形成不良的性格特征。相反，性情温和安静的婴儿，父母在面对孩子时脾气也会更好一些，因此，也就容易使孩子形成温文尔雅的性格。

（二）成熟因素

生理成熟是指机体结构和机能发育完善的程度。成熟和遗传关系很密切，生理成熟的过程要遵循遗传的发展程序，具有一定的规律性。成熟因素对学前儿童心理发展的影响表现在以下两个方面。

1. 为学前儿童的心理发展提供物质基础

当个体某方面的身体结构和机能达到一定成熟水平时，如果外界给予适当的刺激，就会使相应的心理活动得以出现和发展。反之，如果机体尚未达到相应的成熟水平，那么即使加以训练，也不会有效果。所以民间有“三翻六坐八爬叉，十个月会喊大大”的说法。格赛尔进行的著名双生子爬楼梯实验证明，后天的学习和训练依赖于机体的生理成熟水平，提前学习并没有多大作用，甚至是有害的，就像揠苗助长的故事一样，学习和训练不能急于求成，学前儿童的心理发展依赖于大脑与神经系统的成熟程度，脑和神经系统的发育为高级心理机能的发生与发展提供了物质前提。

资料链接

格赛尔双生子爬楼梯实验

T，48 周，每天练习 10 分钟，连续 6 周；

C，53 周，每天练习 10 分钟，连续 2 周。

T 和 C 爬楼梯达到了相同的水平，这说明了什么？

2. 心理发展的顺序受制于生理成熟的顺序

成熟对学前儿童身体生长发育顺序的影响是非常明显的，学前儿童的生理发展遵循一定的顺序，即从头到脚，从中间到四周；如学前儿童动作发展的顺序是先会抬头，然后会翻身，接着会坐、会爬、会站等（见图 2－1）。生理成熟的顺序性为学前儿童心理活动和能力发展的顺序性提供了基本前提。儿童在出生后的头几年，生长发育很快，后面会逐渐减弱，到了青春期，又会出现一个新的生长发育高峰期。在生理发展的基础上，学前儿童心理机能的变化与发展也很快。总而言之，儿童心理机能的发展是按照由低级到高级的顺序进行的，这与大脑和神经系统各相应区域成熟的顺序是相对应的。

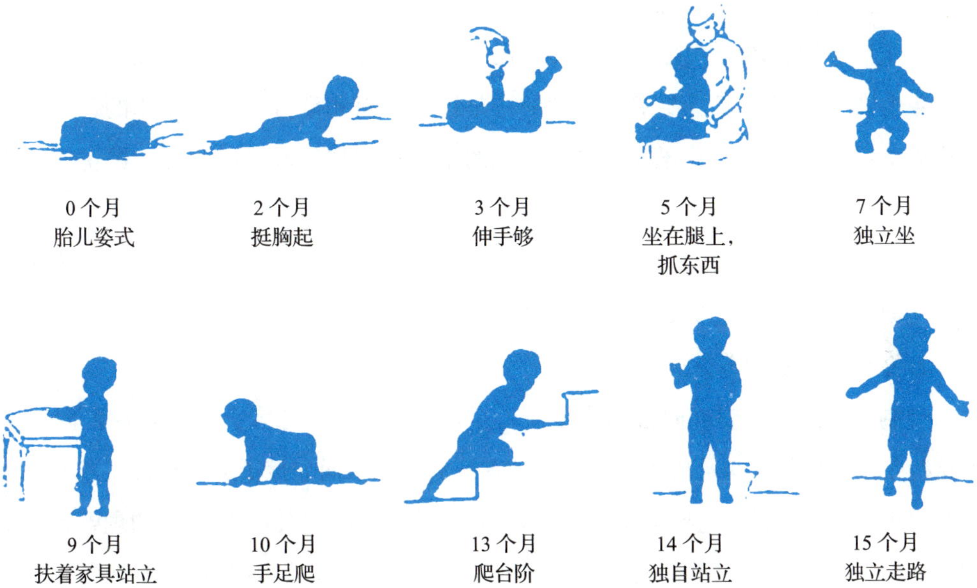

图 2－1　成熟对能力发展的制约性

二、影响学前儿童心理发展的环境因素

虽然遗传和生理成熟为学前儿童的心理发展提供了物质前提和可能性，但也只是可能性，可能性要转变成现实，还需要后天环境因素的支持。“南人善泳，北人善骑”就体现了环境因素对个体身心发展的影响。环境因素是指个体周围的客观世界，包括社会环境和自然环境。自然环境中的阳光、空气和水等是学前儿童身心健

康发展所必需的，而社会环境诸如家庭环境、学校教育、社会传媒等因素则对学前儿童的心理发展起着决定性作用。

（一）家庭环境

影响学前儿童心理发展的家庭因素很多，如家庭结构、家庭的氛围、家庭经济状况、父母的教养方式等都会对儿童心理发展产生影响。在这些家庭因素中，对学前儿童心理发展影响最大的应该是家庭教养方式，家庭教养方式是指家庭中的抚育者在养育孩子的过程中所展现出来的思想理念、教育方式及情感与态度的整体表现。家庭养育者的教养方式是比较稳定的，一旦形成很难发生改变。无论是什么样的家庭结构、家庭经济状况等，只要父母对孩子的教养方式是合理的、遵循学前儿童心理发展特点的，就会对学前儿童的心理发展产生良好的影响。

对于家庭教养方式的类型，大部分心理学者的观点比较一致，认为家庭教养方式主要有民主型、专制型、放任型和溺爱型这四种类型。

1. 民主型家庭教养方式

民主型家庭教养方式是指既引导又民主的教养方式。父母也会对孩子的行为进行约束并提出要求，但是要求是合理的，是符合学前儿童身心发展规律的，而且他们会告诉孩子为什么要遵守这些要求。总的来说，这类父母是以合理、民主的方式来管理孩子。

在民主型家庭中成长的孩子，在学前期往往情绪愉悦，性格活泼；女孩子独立自主能力强，男孩子待人友善、合作性高；具有高水平的自尊和自我控制能力。

2. 专制型家庭教养方式

专制型的父母控制欲通常都非常强。一方面，他们会对孩子强加很多条条框框，而这些条条框框都是来自成人自己的价值观或利益需求而非孩子的心理发展需要。他们会要求孩子严格遵守这些规矩。另一方面，他们对孩子内心情感世界的理解和尊重远远不够，也不向孩子解释为什么要遵守这些规则，只是告诉他们必须这样或那样做，并且在教育过程中常常伴随着惩罚和强制性策略。

这种教养方式很容易导致学前儿童存在焦虑、退缩和抑郁的特征，男孩子易怒并伴随攻击性，女孩子依赖性强，面对挑战时往往采取回避的态度。

3. 放任型家庭教养方式

放任型家庭教养方式是一种过于接纳的宽松的教育方式。父母对孩子不管不问，放任自流，对孩子几乎没有要求和约束，允许孩子自由地决定自己的行为和表达自己的感受。儿童受到父母的约束和管理比较少。这类父母在教育孩子时大都会产生一种对管教孩子缺乏信心和耐心的感觉。

在这类家庭中成长的孩子学前期易冲动、任性和叛逆，缺乏纪律性；对成人既苛刻又依赖；责任心差，做事容易半途而废；同伴间合作意识差，缺乏同理心，人际关系往往不够理想。

4. 溺爱型家庭教养方式

溺爱型父母一般很少对子女的行为进行约束，因为过分疼爱孩子，对孩子不合理的要求和错误的行为也舍不得制止与批评，对孩子百依百顺、有求必应，面对孩子的无理取闹和任性要赖，往往也采取“哄着顺着”的态度。孩子是家庭中的“小霸王”，可以无拘无束，胡作非为。

在这种家庭中成长的儿童大多很任性、自私，凡事只考虑自己，往往具有较强的冲动性和攻击性，而且缺乏责任感，合作性差，人际关系较差。

在这四种教养方式中，民主型教养方式下的孩子发展得最好，他们心情愉快，有社会责任感，自立，善于设定目标；专制型教养方式下的孩子更容易喜怒无常，易被激怒，不喜欢与同伴合作；放任型教养方式下的孩子表现得更冲动并具有攻击性；溺爱型教育方式下的孩子往往以自我为中心，缺少自我控制，独立性和成就感都比较低。而被父母以冷漠的不作为型教养方式抚养大的孩子，则更容易出现反社会倾向。

（二）学校教育

对于学前儿童来说，学校教育主要指的就是幼儿园教育，幼儿园教育中对学前儿童心理发展产生影响的因素主要是幼儿教师的教育方式、幼儿同伴关系等。其中，和幼儿教师有关的诸多因素对学前儿童心理发展的影响是很大的。教师的教育观念、人格特征、期望都会直接影响到学前儿童的身心发展。

1. 教师的教育观念对学前儿童的影响

幼儿园虽然也有一些正式的教育教学活动，但总体上还是以游戏活动为主，所以教师拥有什么样的教育观念显得尤为重要。教师应实施开放化的教育，把学前儿童看作是积极活动的主体，扮演温和权威的服务者的角色，根据学前儿童心理发展的特点和学前儿童的个性适时对其进行引导。

2. 教师的人格特征对学前儿童的影响

由于学前儿童具有好模仿的特点，因此教师作为影响其发展的重要模仿对象，一言一行、一举一动都会对学前儿童产生非常重要的影响。热爱幼儿、胸怀坦荡、作风民主、真诚坦率、和蔼可亲、善良幽默、自信自强、耐心自制，这些都应该成为教师的重要良好品质，从而对学前儿童良好个性的形成产生潜移默化的影响。

3. 教师的期望对学前儿童的影响

学前儿童特别容易受暗示，教师的一个微笑、一个拥抱都会让学前儿童产生丰富的联想，温暖其很长时间。教师对学前儿童有了期望后，会通过一系列复杂的言语或非言语的线索将其传递给学前儿童，与此同时，学前儿童也能感受到哪些行为是合适的，就会频繁地做出相应的行为。因此，教师积极的期望可以让学前儿童感受到良好的暗示，让学前儿童更积极快乐地成长。

资料链接

喜欢与不喜欢上幼儿园

雯雯很开心，回家后一直都乐呵呵的，妈妈问她发生什么事情了这么高兴，雯雯兴奋地跟妈妈说："妈妈你知道吗？今天我在幼儿园表现很乖，吃饭吃得又快又干净，也没有掉到桌子上，老师在全班小朋友面前表扬我了！"妈妈听了也很开心。连着几天雯雯都很兴奋，每天都是快快乐乐地上幼儿园。突然有一天，雯雯吞吞吐吐地跟爸爸妈妈说："我今天不去幼儿园了，可以吗？"妈妈听了很诧异，就问雯雯："前几天你不是特别喜欢上幼儿园么，今天怎么不想去了呢？"雯雯噘着小嘴说："昨天我不小心把椅子碰倒了，老师不问理由就说了我一通，我很生气。"

分析：以上案例中雯雯前后情绪的不一致，充分体现了幼儿园中教师的态度对孩子身心发展的影响。教师一个鼓励的眼神、一个简单的动作、一句安慰的语言都可以让孩子高兴很长时间，并爱上幼儿园，而教师一句不经意的批评或不小心的误解，则可能会让孩子的心灵蒙上阴影。因此，幼儿教师的态度与期望特别重要，会影响孩子的日常行为乃至自我认知。

(三) 社会传媒

社会文化主要是通过社会传媒对人们产生影响，对于学前儿童来说，接触最多、影响最大的莫过于大众传媒了。

大众传媒是信息传播的载体，就现代社会而言，传媒可谓无处不在，个体从出生到死亡整个一生都在大众传媒的包围之中。传媒是人们获得信息的基本途径，现代社会中传媒已经成为人们生活中极为重要的一部分。同样，作为学前儿童生活环境的一部分，大众传媒无疑会给他们的身心发展尤其是心理发展带来重大影响。

以美国心理学家班杜拉为代表的学者们认为，大众传媒与家庭、学校、同伴一样是幼儿完成社会化的重要因素。大众传媒给学前儿童提供了社会现实生活的行为规范和角色期待，通过观察示范的过程，学前儿童学会了特定的一系列社会要求，而逐渐实现社会化。

电视和手机是大众传媒中与人们联系最为密切的，有调查表明，学前儿童平均每天看电视或手机的时间超过 3 小时，超过 1/3 的 2 ～ 7 岁儿童的父母反映，电视在他们家扮演非常重要的角色，孩子会在电视或手机的陪伴下度过很多时光。这导致学前儿童每天花费在阅读上的时间只有约 40 分钟。据研究，长期长时间看电视，会导致阅读能力和创造思维能力衰退，而其性别意识及游戏中的言语和身体攻击有所上升。

当然任何事情都有两面性，我们也不能只看到电视和手机在儿童心理发展中的消极作用，应该说传媒在学前儿童的认知以及社会发展中也有一定的积极作用。例如，电视或手机等媒介为学前儿童提供了丰富的精神食粮，通过电视、手机，学前儿童看到了多种多样的动植物、世界各地的美景等，弥补了他们在现实生活中时间和空间上的感知局限性。而且有研究表明看电视有助于培养学前儿童的电视阅读能力。学前儿童的电视阅读能力是随着年龄不断发展的，最初只是对电视上鲜艳、生动、形象的画面和声音感兴趣，这有利于其感知觉的发展，之后会逐渐开始对电视节目的一些信息有选择、有针对性地加以分析处理，这有利于其信息记忆能力的发展。

第二节 学前儿童心理发展的年龄特征

一、学前儿童心理发展的一般特征

（一）心理随年龄增长而逐渐发展

儿童心理的各个方面都是随着年龄的增长而发展的。例如，让幼儿园大、中、小班的幼儿共同待在一个活动室里，活动室里放置小椅子、小竹竿等物体，告诉幼儿们谁能拿到挂在墙上的漂亮花环，这个花环就归谁所有。结果发现，所有幼儿的第一反应都是企图伸手去够，但当他们发现够不到时，接下来的反应却有很大差别：大班幼儿这时会在活动室里寻找工具来尝试着抓取花环，比如，站在椅子上去拿、用小竹竿去够；而小班幼儿则无计可施，想不起来利用活动室内现有的东西来帮助实现目标，显得很无奈和着急，过了一会儿，他们就把花环的事忘了，开始用小椅子来“开汽车”，把墙角的小竹竿当“马”骑；中班幼儿则介于这两种情况之间。

（二）对事物的认识以具体形象思维为主导

学前儿童对事物的认识主要依赖直观具体的感知。对事物的认识常常停留在外部特征和表面现象上，几乎不能看到事物的本质特点，其思维活动也离不开对事物的直接感知，头脑中充满了各种各样的具体形象。

可以说，整个学前阶段的儿童对事物的认识都是以具体的形象思维为主导的。例如，我们当着幼儿的面，把相同体积的水分别倒进一个试管和一个广口杯里，然后问他们哪个瓶子里面的水多，部分幼儿会回答说试管里面的水多，因为里面的水很高，部分幼儿则会回答是广口杯里面的水多，因为那个瓶子肚子很大、很宽。这表明此阶段的幼儿对事物的认识主要是通过直观的具体形象思维来完成的。

（三）心理活动从无意性为主开始向有意性发展

这主要表现为学前儿童的认识活动，如注意、记忆、想象等都是以无意性为主，没有预定目的，不需要意志努力，很随意地进行。他们往往能在不知不觉中记住很多有趣好玩的事物，但却不会刻意或专门地去记住一些东西。

这种无意性还表现在情绪方面，幼儿情绪对活动的影响很大，他们对情绪的管理和约束能力很差，心理活动和行为很容易受情绪的影响。表现在当心情愉快时，一般更容易服从要求、接受任务，也能较好地完成大人布置的任务。相反，如果幼儿心情糟糕、不高兴，就会比较任性，不情愿服从要求，完成活动的效果也较差。

但是，学前儿童的心理活动虽以无意性为主，但也开始逐步向有意性发展。随着学前儿童年龄的增长和教育的影响，幼儿从中班开始，已能初步按老师或家长的要求做事，到了大班，开始逐渐学着控制自己的行为，使自己的行为服从于一定的目的和要求。

二、3 岁前儿童心理发展的年龄特征

（一）0～1 岁儿童心理发展特征

新生儿出生后到 1 岁前这段时间，是个体身体开始发育、心理活动开始发展的阶段，是人一生中心理发展最为迅速的时期，不仅是认识周围客观事物的开始，也是良好依恋关系形成的关键期。

婴儿心理行为发展的主要特征包括以下几个方面。

1. 反射行为

婴儿一出生就具有对外界刺激作出反应的能力，这就是反射行为。反射行为是指有机体对特定刺激所作出的自动化的反应。新生儿最基本的反射行为有以下几种：吸吮反射、觅食反射、眨眼反射、游泳反射、摩罗氏拥抱反射、抓握反射等。新生儿通过反射行为快速适应外界环境，这也是小婴儿身体健康的表征。以后随着婴儿身心的发展这些反射会逐渐消失。

2. 感知觉发展

在周围环境刺激及与养育者接触的影响下，婴儿的感知觉等心理现象会得到快速发展。婴儿感觉能力的发展有一定的顺序，发育最早的是触觉系统，比如会用手抚摸物体，听觉和视觉的发展则紧随其后。婴儿出生后视力不是很好，视野狭小，看东西比较模糊，但听觉的发展较好，研究表明，3 个月大的小婴儿不仅能听见声音，而且能对声音的频率和持续时间进行区分。婴儿的味觉系统发育比较完善，对酸甜苦咸等几种基本味觉很敏感，并会表现出对某种味道的偏爱。嗅觉也发育较好，能区分多种气味，表现出初步的嗅感知能力。

3. 动作技能发展

精细动作：手的动作从最初的抚摸物体到能够抓握、敲打小物件再到摆弄物体等逐渐发展。7 ～ 8 个月的婴儿可以单手抓住多物，10 ～ 11 个月的婴儿可以放物入孔，12 个月左右的婴儿能够用双手控制物品的运动。

全身动作：2 ～ 3 个月的婴儿可以很好地抬头；3 个月左右可以仰卧转向侧卧和俯卧，到 5 个月左右可以翻身；7 ～ 8 个月时可以独立坐稳并学会爬行，12 个月左右可以很好地手脚并用爬行；8 ～ 9 个月可由成人扶着站立片刻，1 岁左右即可独立站立片刻并可扶物体走路，部分发育较快的婴儿 1 岁时已开始独自迈步走。能够独立行走为扩大视野创造了有利的条件，同时也增强了婴儿认识和了解周围事物的能力。

0 ～ 12 个月是人一生的开始阶段，这个时期要帮助婴儿发展基本技能，鼓励他们去探索和认知周围的外部世界，以使他们建立对这个世界的信任感和安全感，从而为其心理的健康发展打下良好的基础。

4. 语言开始萌芽

婴儿在 6 ～ 8 个月这一时期语言理解能力开始发展，从第 9 个月开始婴儿咿咿呀呀的语言萌芽表现达到高峰。这个时期成人会给予他们一些强化和更多的关注，婴儿开始慢慢地将语音和某些特定事物联系起来。他们会逐渐听懂一些简单的词汇，并能对成人的一些简单要求作出回应，如父母说“来，抱抱”时婴儿会做出张开双臂的姿势，说“不”或“不要”等否定性词汇时能暂时停止手中的动作。10～12个月的时候部分婴儿能主动地喊出爸爸、妈妈这些简单的词语，并可以理解更多的词汇。

（二）1～3岁儿童心理发展特征

1～3岁，婴儿体格发育的速度减慢了，但神经心理发育却变得迅速了，尤其是语言表达能力。这个阶段的婴儿在生理和心理两方面都有了明显的发展。一方面，走、跑、跳等基本动作日益熟练，获得了更高的自由探索的能力；逐渐能用语言表达出自己的大致想法，让成人明白自己想吃、想玩的东西等，具备了一定的自主活动能力。但是另一方面，此年龄段的孩子能够意识到自己是有能力的独立个体，喜欢自作主张、胡乱行动，因而加大了父母看护和养育的难度。所以这个阶段又是学前儿童心理发展的一个转折期，被人们称为人生的第一个“反抗期”。

1. 语言能力的发展

1岁后的婴儿词语表达能力和理解能力都获得了快速发展，特别是1岁半以后使用的词语逐渐增多，能说出日常生活中常见的人与物的名称，2岁后婴儿的词汇量可达到数百个至1 000个，主要集中在物体名称、颜色、形状这几个方面。此阶段用语言表达想法的能力也进一步增强，能说简单的句子。近2岁时，幼儿开始通过语言和小伙伴沟通，喜欢听儿歌，对周围事物愈加感兴趣，能辨别简单的图形等。但总的来说，2岁以前的婴儿所讲的话很简单，表达的意思也不够完整，有些发音还比较模糊。2岁以后逐渐积累了更多的词汇，表达能力也更好，能把句子表述完整，喜欢听故事，能根据听到的故事简单讲出大致内容和人物，喜欢并且也能够与人交谈，此阶段的婴儿，语言已成为他们与人交往和了解新事物的主要工具。

2. 认知能力的发展

这个阶段婴儿的感觉获得了进一步的发展，感知能力发展较快，能很好地综合运用各种感官，能认识一些简单事物和图片形象，知道动物、生活用品、食物、水果、蔬菜、交通工具等的名称、特征和用途；能辨别几种基本颜色；能知道太阳、月亮、星星、云、风、雨和雪等自然现象；有了初步的空间和时间知觉的概念，能辨别物体的大小远近和方位的前后上下。此外，观察力开始萌芽。

注意方面，2～3岁婴儿的注意力仍然以无意注意为主，注意的稳定性较差，维持注意力的时间在15分钟左右，外界的各种无关因素很容易干扰其注意力；有意注意开始萌芽，能暂时撇开自己的兴趣，根据活动或成人的要求有意识地去注意某种事物。思维方面，这个阶段婴儿的思维具有直觉行动性的特点，只能思考他直接感知或接触的对象，并与自身动作分不开，以动作思维为主导。想象方面，这个阶段婴儿的想象也开始形成和发展，会涂鸦，能主动创作一些简单的想象画。回忆方面，内容上以形象记忆为主导，信息保持时间上以短时记忆为主，长时记忆逐渐发展。

3. 自我意识的萌芽

自我意识就是个体对自己的看法和态度。婴儿在很小的时候，还不能认识到自己是独立的个体，不能将自己和周围环境区分开来。在与他人的交往中，在与客观事物相互作用的过程中，他们会逐渐认识到作为客体的外部世界与作为主体的自己之间的区别，从而形成对自己的认识。2 岁左右，婴儿会出现自我意识的萌芽，其突出的表现为独立行动的愿望很强烈。他们开始用“我”来称呼自己，这个时候的孩子不再把自己当作一个客体来看待，而是看作一个主体，并逐步意识到自己的心理活动。在 2 ～ 3 岁这个阶段，孩子的心理发展具有自我中心特点，对事物好坏对错的判断以自己是否喜欢为依据。从情绪角度看，2 ～ 3 岁的婴儿已能清楚表达快乐、恼怒、悲伤和恐惧等情绪，对于自我意识如自豪、惭愧、骄傲等的表达要晚一些，但有了初步的情绪调节能力。

2 ～ 3 岁的婴儿开始调皮捣蛋，总在寻找机会逃脱父母的约束，有了自己的想法，想按照自己的意图做事，所以会经常出现违背父母要求的现象。

三、3 ～ 4 岁儿童心理发展的年龄特征

3 岁是学前儿童生活上的一个转折点，3 岁以后他们开始进入幼儿园这个崭新的环境，要和很多其他同龄孩子一起吃饭、睡觉、游戏等，过起了集体生活。在幼儿园中，幼儿在和同伴的相处中感受到了完全不同于之前和父母及其他成人之间的交往关系。在和同龄伙伴相处的过程中，幼儿的知识面、认知能力以及社会交往能力都能得到较充分的发展。这种在伙伴帮助下的自主活动能使幼儿认识到自我的存在。

（一）身体发育较快

这一阶段幼儿的身体发育仍较快，身体比以前结实了，身体的组织结构和器官的功能都有所完善。肌肉系统也有所增强，神经系统发展迅速，脑的重量快速增长，3 岁儿童的大脑已相当于成人脑重的三分之二，为高级神经活动的发展准备了更坚实的物质条件。大脑的支配作用越来越大，但大脑皮层神经细胞功能尚不完

善，兴奋和抑制不平衡，往往兴奋过程强于抑制过程。

（二）认知具有直观性

3 岁前儿童思维的典型特点是思维带有直观行动性，依靠动作和具体形象进行思维，3 岁的儿童仍保留着这个特点。例如，让他们说出桌子上苹果的个数，他们必须用手指点着苹果还要口中念着才能数，而不能心里默数，也就是说他们对事物的认识离不开事物具体形象的依托。再如，幼儿通过点数知道了 4 根香蕉加 3 根香蕉是 7 根香蕉，也能算出 5 个球给了妹妹 3 个还剩 2 个球，但并不能理解“4 加 3 等于几”“5 减 3 还剩多少”的抽象含义。

由于 3 岁儿童认知的发展还要依靠动作和视觉，因此他们的行为具有明显的形象性和随意性，只能先做后想，或者边做边想。例如，在涂鸦之前幼儿往往并没有想好自己要画什么，而常常是在画出某些形象后，才突然若有所悟说：“我画的是小房子。”

由于 3 ～ 4 岁儿童思维很直观、很直接，他们只能从外部特征去认识事物，因此对 3 岁幼儿进行教育要注意语言应具体直接。比如可以说“坐端正看向前方！”，而不要说“注意听讲！”，因为这个阶段的幼儿不容易理解并接受这种较抽象的要求。

（三）情绪不稳定，情绪支配行动

3 ～ 4 岁儿童情绪性强，且情绪不稳定，很容易受到外界环境及同伴的影响。比如，本来自己好好的，看见别的孩子哭了，自己也会跟着哭起来，这时，如果拿好玩的、新奇的东西来逗他，他会很快破涕而笑。这种现象在幼儿园小班的教室里特别常见。

3 ～ 4 岁儿童行动常常受情绪支配，而不像成人那样受理智支配。比如，高兴时就比较乖，不开心时就任性，经常因为一件在成人看来微不足道的小事哭闹很久；开心时看到熟人就亲热打招呼，不高兴时就谁也不理，即使是面对平时比较喜欢的人也噘着嘴。这种情绪支配行为的现象在年龄越小的幼儿身上表现得就越明显。

（四）喜欢模仿，模仿能力强

3 ～ 4 岁儿童模仿能力较强，模仿也是儿童的基本学习途径，但主要是模仿一些外部特征。比如，看见别人玩什么，他就想要玩什么；看见别人在做什么，自己也去做什么。幼儿园小班孩子玩具的种类不必很多，但同样的玩具要多准备几套以应对他们的这种模仿心理。3 ～ 4 岁儿童还喜欢模仿成人做事。根据这种心理特征，教师和家长在低龄幼儿的教育工作中，要注意多为幼儿树立榜样。比如，需要孩子们集中注意力时，可以说："看 ×× 小朋友听讲多认真，眼睛一眨不眨地盯着老师看呢！"一般不要直接指责做小动作或表现不好的孩子，因为如果老师说" ×××，把你的玩具收起来！"，可能会适得其反，引起更多孩子玩玩具。教师和家长也常常是儿童模仿的对象，因此应在日常生活中注意自己的言谈举止，为儿童树立好榜样。

四、4～5 岁儿童心理发展的年龄特征

4～5 岁是学龄前期，这时幼儿一般上幼儿园中班和大班，所以又称为幼儿中期。一方面，与小班相比，中大班的孩子心理有了进一步的发展，自我意识有所提高，人际交往积极性增强，表现得愈加活泼可爱，有了更加细腻深刻的情绪体验。但另一方面，这个年龄段的孩子因为社交行为增多，独立能力增强，也越来越有自己的想法和喜好，凡事都想自己试试。

（一）注意发展的特点

注意方面，这个阶段幼儿的注意仍然以无意注意为主导，有意注意水平较低而且注意的稳定性品质不是很好。他们可以根据成人的要求把注意力指向某些他们并不感兴趣的事物，但注意维持时间往往较短。而新奇有趣的事物更容易吸引他们的关注进而发生注意的分散。所以，这个阶段幼儿的注意发展需要引导和组织。

（二）记忆发展的特点

记忆方面，记忆类型以无意记忆为主，识记方式以机械识记为主。

相比幼儿园小班时期，中大班幼儿的记忆能力有了一定的发展，无意记忆继续发展到一个较高的水平，有意记忆水平也逐渐提高，但是这个阶段的幼儿仍然以无意记忆为主。识记方式上，通过逐字逐句的重复诵读达到记忆的机械记忆占据主导，幼儿可以不费力地背会很多他们根本不明白、不理解的诗词古文等。意义记忆开始萌芽，但水平较低。

（三）想象和思维发展的特点

这个阶段幼儿的想象发展还处于低级水平。从想象的目的性来看，主要是无意想象占据主导地位；从想象的水平来看，则以再造想象为主。这表明幼儿的想象带有明显的无意性和模仿性，想象的目的性和创造性则处于萌芽状态。

4～5岁幼儿思维的主要特点是具体形象性，他们对事物的认识和理解主要是通过实实在在的直观形象来完成的。这个阶段的幼儿思维形式从动作思维为主导发展到形象思维为主导，也就是说依靠实际动作做支撑的思维较少，思维过程主要以具体形象为支柱。事物的形象常常影响他们对问题的认识和理解。

（四）社会性发展的特点

从幼儿园中班开始，幼儿相互之间的分享、交流和沟通大幅增加，能够在与同龄小伙伴交往的过程中了解他人，并与周围人建立较为亲密的关系，友好相处。他们会与小伙伴分享有趣的玩具、好吃的零食以及开心的经历等，集体观念和归属感开始萌芽，喜欢参加集体活动，人际关系范畴由单一的亲子关系逐渐转为亲子关系和伙伴关系共存。不过一般来说，幼儿之间的友情往往不够稳定，来得快去得也快，很容易受到环境、突发事件等因素的影响而发生改变。可能前一秒钟两个幼儿还亲密无间，后一秒钟就因为一件小事打得不可开交。

情绪情感方面，这个年龄阶段的幼儿情绪体验进一步丰富，产生了一些更加细腻复杂的情绪体验，比如内疚、怜悯等；另外，社会性情感也得到一定的发展。

五、5～6岁儿童心理发展的年龄特征

5～6岁儿童处于学前晚期，也是从幼儿园到小学的过渡阶段，这个阶段大脑发育进入了一个明显的加速时期，虽然在心理发展的某些方面仍保留着前一年龄阶段的某些特征，但同时又表现出一些全新的特点。

要让孩子顺利进入小学学习，家长和教师就应该了解儿童这一年龄阶段的身心发展特点，循序渐进、因材施教，为他们即将开始的小学阶段打好基础。

（一）感知、注意的发展

视觉方面，5～6岁儿童对色彩的辨别能力有很大提高，不仅了解和掌握了几种基本颜色，还能较好地辨别同一色系的深浅，画画涂色时能根据模板选择相应的颜色，并能准确说出颜色的名称。这个阶段儿童的观察能力、听觉能力和空间知觉能力都有了一定的提高，比如能分清以自己为中心的前后左右等不同的方位。

注意方面，注意的稳定性和有意性较之前都有进步。这一时期儿童注意力保持在目标事物上的时间有所延长，并开始学着运用意志力控制自己，尽量不受其他无关因素的干扰。他们也可以根据课堂或学习任务的要求去注意一些自己并不感兴趣的事物，但是需要教师和家长较好地去引导，毕竟学前阶段的儿童意志力水平还比较低。

（二）思维的发展

整个学前阶段儿童的思维都是以具体形象思维为主导的，但 5 ～ 6 岁儿童的思维发展已有抽象、概括的萌芽。他们已经能够对事物进行比较和归类，还能进行简单的推理和判断，比如能够从不同角度对事物进行分类。例如，能对常见的生活用品进行简单的归类（如毛笔、铅笔、橡皮等都属于文具；书桌、床、电视柜等都属于家具）；也能对事物之间的相互关系进行简单的推理（如小明年龄比小刚大，涛涛年龄比小刚小，可以据此推断出小明也比涛涛大）。他们已经开始理解部分抽象的概念（如好像、大约等概念）。由于这个年龄阶段的儿童抽象概括能力开始萌芽，所以家长和教师可以在此基础上因势利导进行简单的科学教育，启发他们去主动发现事物间的各种内在联系，促进其智力发展。

（三）个性初步形成

心理学认为个性是人的较典型的、稳定的、具有一定倾向的心理活动的总和，而 6 岁左右是个体个性形成的关键期。相比较小班和中班时期，学前晚期的儿童开始能够有意识地控制自己，做事也不再随波逐流，而是有了自己的想法和主见。这个时候他们对外界事物的态度和行为方式开始逐渐趋于稳定，比如有的活泼外向，有的腼腆怕羞，有的粗枝大叶，有的细腻敏感，有的胆大好胜，有的胆小怕事……并且 5 岁之后的儿童会慢慢表现出对某方面的兴趣爱好，比如喜欢画画、喜欢踢球、喜欢动手游戏等。但是个体个性的形成有一个过程，5 ～ 6 岁时虽然已经表现出了某些个性特征，但还远没有定型。

对于儿童最初的个性心理的表露，家长和教师应当及时、敏锐地发现，家园配合好进行引导教育，扬长避短，使儿童个性得以发展和完善。

第三节　儿童心理发展理论流派及其主要观点

一、心理分析学派的心理发展观

心理分析也可译为精神分析，是奥地利著名精神科医生弗洛伊德在 19 世纪末 20 世纪初提出的心理治疗流派，被认为是心理治疗史上的第一个里程碑。心理分析产生于 19 世纪末，传播于 20 世纪初，在欧洲和美国盛行于 20 世纪 30 ～ 50 年代，直到现在，心理分析及其变种依然是一个重要的心理治疗系统，而且仍在不断地改进和发展。

（一）弗洛伊德简介

西格蒙德·弗洛伊德（Sigmund Freud，1856—1939 年），出生于奥地利的弗莱堡。弗洛伊德从小天资聪慧、勤奋好学，在学校时成绩一直名列前茅。他 17 岁时就进入了维也纳大学医学院，1881 年获得了医学博士学位，次年作为临床精神科医生登记私人开业。在工作中，弗洛伊德与著名医生布雷尔建立了深厚的友情。1895 年，他们俩一起出版了《关于歇斯底里的研究》一书，标志着心理分析运动的开始。1897 年，弗洛伊德开始进行自我分析，并完成了《释梦》的创作。这本书也被世人看作是弗洛伊德最具代表性的著作。

弗洛伊德创立了心理分析学派，但其影响却远远超出了专业学术领域，他的理论和学说不仅影响了心理学和精神病学领域，而且影响了包括人类学、社会学、伦理学、宗教和艺术理论等在内的几乎所有人文科学。在 20 世纪人类文化的地形图上，弗洛伊德无疑占据着一个显赫的位置。

（二）无意识理论

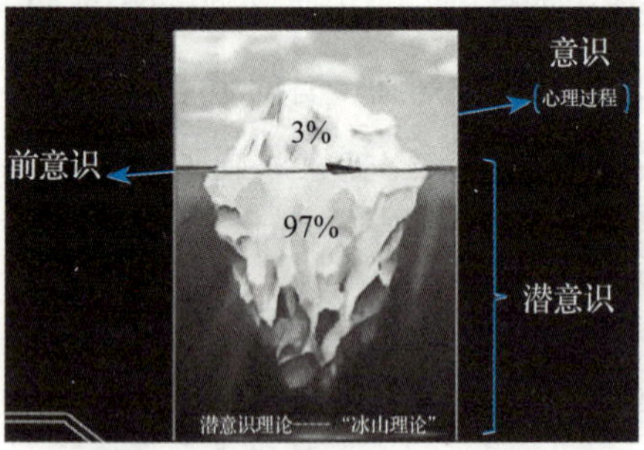

图 2－2　心理活动的三个层次

心理分析学派对学术领域乃至人类社会最突出的贡献就是提出了无意识理论，传统心理学只研究人们自身能够清楚察觉到的意识活动，而无意识理论的提出无疑为人类更好地认识自身的精神世界打开了一扇新的大门。弗洛伊德认为人的心理活动共有三个部分，包括意识、无意识和前意识（见图 2－2）。

1. 意识（consciousness）

意识是人们可以清楚意识到的那部分心理活动，比如有人问你：现在你在哪里？你在干什么？你对这些问题的回答就是通过意识层面来思考的。当人们在思索问题时所产生的感受就是这个人的意识，意识是清楚的、鲜明的，是人们可以控制和体验到的。

2. 无意识（unconsciousness）

无意识也译作潜意识，指无所觉的心理历程或过程，它是在一定时间内被压抑、被排挤的情绪经验活动的过程，处于心理活动的最底层。无意识心理活动都和某种不愉快的经历和不符合道德标准的观念、欲望与动机有关。当其出现时，人们就会在意识中唤起焦虑、羞耻感和罪恶感，进而对其加以抵抗，所以不能进入意识层面而被人们所察觉。无意识中被压抑的欲望、动机等虽然不被个体所察觉，但并没有消失，而是在无意识领域积极活动，企图能进入意识领域，得到满足和实现。弗洛伊德认为，无意识思想支配着个体的思想和行为。

3. 前意识（preconsciousness）

前意识介于意识和无意识之间，就像海面上随着波涛起伏的那一部分，可能会一直被淹没在海水下面不被看到，也可能露出海面被人们发现。它被个体察觉到了，便能进入意识领域。在无意识、前意识和意识之间，都有稽查者的存在，防止无意识的欲望和动机偷偷潜入意识领域。

精神分析理论认为，在整个心理活动中，无意识心理虽然受到了压抑，但它们却占据了精神活动的大部分，人们的精神世界就好像是一座漂浮在蔚蓝大海上的庞大的冰山，意识只是露出海面的冰山一角，而冰山巨大的山体部分却隐藏在海面以下不能被人们察觉和发现，恰恰是这部分心理活动支配和决定着人们的言行。

（三）人格结构理论

弗洛伊德认为每个人的人格都包含三部分，即本我、自我和超我。

1. 本我

本我是由生物先天的各种本能冲动组成的，如要求饥饿、口渴、性欲等的即刻满足。本我的行事原则是快乐原则，它完全处于无意识状态。婴儿身上就集中体现了本我的特点：他们要求本能欲望的立刻、无条件的满足和实现，饿了立刻就要吃，尿裤子感觉不舒服了立刻就要换尿布，而不会去考虑母亲生病不舒服等现实情况。本我很难忍受由于本能欲望和冲动得不到满足所造成的焦虑感，它会不顾一切寻求满足以平息焦虑。

2. 自我

自我是从本我中分化出来的一部分。个体在成长过程中会逐渐发现需要必须在现实允许的情况下才能得到满足，慢慢学会向现实妥协，于是从本我中分化出另一种人格成分：自我。自我的作用就是满足本我的各种欲望和冲动，但它的活动要受现实原则的支配。自我的形成使一个人依据现实的活动过程去满足本我的需要。自我一部分在意识水平上，而一部分在无意识水平上。自我的行事原则是现实原则。

3. 超我

超我是从自我中分化出来的，完全处于无意识状态。超我是人格中的道德成分，它是由儿童体验到的父母的奖惩和管理、约束内化而来的。父母根据自己的价值标准，对儿童的言行进行评判，以使他们的行为符合社会规范。慢慢的，父母的奖惩规范逐渐内化为儿童自己的东西。于是，超我就逐步发展起来了。超我由两部分组成：一为良心，它是由儿童接受父母惩罚的经验内化而成，个体的言行如果违背了自己的良知，就会感到愧疚或有犯罪感；二为自我理想，它是由儿童接受奖励的经验内化而成，当个体做出某些符合理想的行为而受到肯定或奖励时，就会感到自豪和自信。超我的活动遵循道德原则，对自我的行为进行限制和监督。

（四）心理发展理论

弗洛伊德认为性本能冲动是人心理发展的动力，但他所谓的“性”是广泛意义上的，泛指人们追求一切快乐的冲动。当性本能冲动（又称力比多）积聚到足够数量时就会使个体感到紧张和不适，这时个体就要通过某种途径释放能量。而在不同的年龄阶段，机体投放力比多的区域是不一样的。弗洛伊德根据不同时期个体性能量投放区域的不同，把人的心理发展分为五个阶段。

1. 口腔期（0 ～ 1 岁）

人出生后很长一段时期都需要成人的哺育和喂养，所以刚出生不久的小婴儿通过吮吸动作获得快感，口腔就成了产生快感的第一个集中带，而哺育者的乳房就成了取得快感的对象。我们还会发现这个时期的婴儿即使平时不饥饿也会把手指放在嘴巴里吮吸，因为他可以从这些动作中获得快感。所以，这个阶段就叫作口腔性欲阶段，时间约在出生后到一岁半之前。在这个阶段，亲密的母子关系可以使婴儿产生安全感，有助于发展信任、自信等良好的人际关系和个人品质。而如果此阶段发展受挫，例如断奶方式不合理，可能会引起婴儿的抗拒行为，不利于他们内心安全感的形成。而这个阶段口腔欲的过度满足，容易使婴儿形成过分依赖、需要照顾的性格特点。

2. 肛门期（1 ～ 3 岁）

随着年龄的增长，婴儿由口腔欲阶段发展到肛门欲阶段。肛门欲阶段在 1 ～ 3 岁，这个时期的婴儿在排便时会产生肛门区域的快感，有的婴儿以排泄为乐事，甚至通过玩弄大便来获得满足。

肛门欲阶段顺利度过，有助于婴儿形成独立的个性，自主决定自己的行动，易于和他人相处。反之，如果此阶段受挫没有顺利度过，肛门欲阶段的需要没有得到充分满足，心理发展就会停留在这个阶段，从而形成肛门性格。弗洛伊德解释肛门性格有三个特点：第一，守秩序，可信赖；第二，吝啬、爱财，可到贪得无厌的程度；第三，固执刻板，缺乏灵活性，坚持已见，容易发怒。

3. 性器期（3 ～ 6 岁）

3 岁以后的儿童有了性别意识，进入前生殖器期，弗洛伊德认为这一阶段力比多集中在生殖器上，儿童会发现性刺激的快感，有的儿童表现为喜欢触摸或暴露生殖器。此外，这个阶段的儿童还会产生对异性父母的爱恋，即俄狄浦斯情结，男孩爱母亲而把父亲当作情敌，女孩则表现为相反的情形。这种爱恋如不能正常解决，冲突停留在无意识中，以后恋爱时性取向有可能出现问题。

此阶段大约在 3 ～ 6 岁，也是幼儿性欲的顶点。弗洛伊德认为性器期的正常度过，俄狄浦斯情结的妥善解决，都会有助于幼儿长大后确立成熟合理的恋爱模式。

4. 潜伏期（6 ～ 12 岁）

潜伏期大约从 6 岁持续到 12 岁，随着儿童逐渐长大，俄狄浦斯情结的影响逐渐变弱，他们的注意力被生活中丰富多彩的活动所吸引，儿童开始越来越广泛地从哺育者以外的其他成员如老师、同学、小伙伴那里获得新的价值观念，并且积极参加诸如游戏、体育比赛、同学聚会、兴趣小组等社交活动，有的儿童会表现出对异性的排斥现象。

5. 生殖期（12、13 岁以后）

潜伏期本已平静的性冲动再次出现，如果一切发展顺利，就会顺理成章过渡到结婚与繁育后代的阶段。这是性心理发展的最后一个时期，也正处于青春期。在这个阶段，个体从一个任性、以自我为中心、幼稚的儿童发展成了一个理智、成熟和社会化的成年人。随着性发育的成熟，个体感兴趣的对象也转变为成年异性，这种正常的异性兴趣会引导个体恋爱、结婚直至生育后代。但是在之前阶段心理发育有过停滞的人，在成年后也会有某种障碍出现，并使个体的行为产生异常。

二、行为主义学派的心理发展观

行为主义学派创立于 20 世纪初期，是心理学中一个非常重要的流派，也是影响最大的心理学流派之一，对心理学各个领域的发展都产生了影响。

行为主义学习理论主要是联结论和刺激 - 反应论。这一学派的基本观点是，学习是刺激与反应之间建立的联结，可以简单表示为 S-R（刺激 - 反应）。行为主义学派注重学习的外部条件对学习的影响，又注重环境对个体行为的影响和控制。行为主义学者认为，心理学应该摒弃意识而研究人的行为，因为意识看不见、听不到也摸不着，而行为是可被观察、可被测量的；心理学的研究方法应该是客观的方法，比如实验的方法；心理学的研究目标是“预测人的行为，并控制人的行为”。

行为主义学者认为心理学研究行为的任务就在于研究刺激与反应之间的联系，这样就能根据刺激预测反应，或者根据反应推知刺激，达到预测和控制行为的目的。行为主义者在研究方法上抛开了主观臆断，而更多采用客观观察法、条件反射法和测验法等，行为主义的所有理论和观点都是从反复多次的实验研究中得出的。

行为主义学派的杰出代表人物主要有华生、斯金纳、班杜拉等。

（一）华生的理论

华生

华生（1878—1958年）于1900年获得美国福尔曼大学硕士学位，之后进入芝加哥大学，并取得了该校第一个心理学博士学位。1908年转任约翰斯·霍普金斯大学心理学教授，1913年发表了名为《行为主义者心目中的心理学》的论文，这篇论文也被认为是“行为主义者宣言”。华生也是美国第一个将巴甫洛夫的研究结果作为学习理论基础的人。

华生认为人类的行为都是后天习得的，环境对一个人的行为起到决定性作用，无论什么样的行为，正常的还是异常的，都是经过后天学习和训练获得的，也可以通过学习而改变。华生提出只要弄清楚环境刺激（stimulus）与行为反应（response）之间的相互关系，就能根据刺激预知反应，或根据反应推断刺激，以达到预测并控制动物和人的行为的目的。他的环境决定论观点对当时的美国心理学领域产生了重大的影响。在华生看来，刚出生的婴儿就像一张白纸，环境刺激可以随意地在白纸上涂画色彩和形状，可以通过控制环境来把婴儿变成任意一种我们希望他成为的样子。虽然华生看到了环境对塑造儿童行为的重要影响，这是合理的观点，但他过分夸大了环境的作用，进而演变成了环境万能论，过于强调对儿童发展的控制，完全抹杀了遗传的作用，也没有看到儿童主观因素对自身发展的影响，夸大了教育、环境的功能，这是有失偏颇的。

华生对行为主义心理学的贡献还在于他对儿童情绪和异常心理的研究，他认为个体的情绪是后天学习和条件反射的结果。华生曾经利用巴甫洛夫经典条件反射理论做了一个儿童恐惧情绪形成的实验，就是著名的小艾伯特的实验性恐惧症的相关研究，即把一种可爱的小动物和另外一种能引起儿童恐惧反应的刺激结合在一起呈现，多次练习以后，儿童就会产生对那种动物的惊恐反应。在形成条件反射以前，小艾伯特对于白色毛茸茸的小兔子很喜欢，完全没有惧怕的表现。后来，每次小艾伯特愉快地和兔子玩耍的时候，就同时呈现一声孩子们都惧怕的巨大敲击声。这样几次之后，小艾伯特对于小兔子就形成了恐怖性条件反射，每次只要看到小兔子，即使不再呈现巨大的声响，他也会感到非常恐惧和害怕。之后这种恐惧又发生了迁移，发展到小艾伯特看到所有白色带毛的事物，都会产生惧怕反应，如小白鼠、小白狗甚至圣诞老人的白胡子。在实际教育中，许多学生的态度就是通过经典条件反射形成的。

（二）斯金纳的理论

伯尔赫斯·弗雷德里克·斯金纳（Burrhus Frederic Skinner，1904—1990 年），美国心理学家，行为主义理论的创始人，也是行为主义学派最著名的代表人物之一。斯金纳提出了操作性条件反射，成为操作性条件反射理论的创始人。斯金纳小时候特别喜欢动手制作各种小玩意儿，之后又发明改造了很多动物实验装置，比如斯金纳箱（见图 2－3）。1950 年斯金纳当选为美国国家科学院院士，1958 年获美国心理学会颁发的杰出科学贡献奖，1968 年获美国总统颁发的国家科学奖，这是当时美国的最高科学荣誉。

图 2－3　斯金纳箱

操作性条件反射理论是斯金纳的行为主义心理学理论的基础。

斯金纳认为，行为分为两类，第一类是应答性行为，也就是经典行为主义巴甫洛夫的条件反射理论中的行为。“应答”是由某种确定的刺激所引起的行为，是对一定刺激的应答反应。它可能是无条件反射，如眨眼、膝跳反射等；也可能是条件反射，如望梅止渴、谈虎色变等。第二类是操作性行为，这一类行为出现之前并没有明显的刺激，也许只是一种纯粹的自发行为，他把这一类行为称作“操作性条件反射”，它们不是由某种刺激所激发的，而是时常自发出现。在一个操作性行为出现之后，如果有一个具有强化性质的事件紧随其后发生，那么之前这一操作性行为发生的概率在以后就有可能提高。

斯金纳认为，人的行为大部分是操作性条件反射行为，也就是后天习得的，都与及时强化有关。所以，可以通过强化来培养和发展个体的行为。

斯金纳的操作性条件反射理论，拓展了华生刺激－反应联结的内容。斯金纳认为人的行为是外界环境、个体自身的操作以及行为操作所产生的后果综合作用的结果，一个行为反应发生，紧接着在环境中出现一个强化性后果，于是，该行为今后再次发生的概率将会增加。斯金纳用强化的方法训练动物的行为，曾经成功地使一只鸽子学会打乒乓球，还教会一只鸽子在一架玩具琴上弹奏一首曲子。斯金纳认为，人和动物并没有本质区别，在人的各种行为中，哪些行为会得以保持和增加，哪些行为会逐渐减少，都取决于这些行为的后果，也就是行为出现之后有没有受到强化。

（三）班杜拉的理论

阿尔伯特·班杜拉（Albert Bandura，1925—2021 年），新行为主义的主要代表人物之一，观察学习理论的创始人，美国当代著名心理学家，一直担任美国斯坦福大学心理学系的教授。

班杜拉

班杜拉 1974 年当选为美国心理学会主席，1980 年获美国心理学会颁发的杰出科学贡献奖。他所创立的社会学习理论在当代心理学领域独树一帜，其理论影响非常广泛，涉及实验心理学、社会心理学、临床心理学以及教育、大众传播等社会生活领域。人们赞誉他为社会学习理论的奠基人、社会学习理论的集大成者或社会学习理论的巨匠。

班杜拉的社会学习理论的重要组成部分就是观察学习理论。他认为人类的行为是很复杂的，并不是简单的条件反射、刺激－反应可以说明和解释的，人是社会的动物，人的本质属性是社会性。人和人之间总是会不可避免地产生相互影响，比如互相观察，并且对他人行为的观察结果会影响到自己行为的表现和习得。儿童的很多行为就是通过观察学习形成的。

资料链接

一名7岁的男童，经常和爸爸一起坐车外出，每逢碰到堵车或有人加塞时，爸爸总是出言不逊，不停地骂骂咧咧，一会儿骂警察，一会儿骂其他司机。一天妈妈去学校接他，看见他站在教室门口对另一个同学大喊大叫："王八蛋！你给我等着，明天让我爸来收拾你，王八羔子敢惹你大爷我！"妈妈很诧异，这孩子啥时候学会骂人了？

班杜拉的观察学习指个体只以旁观者的身份观察他人的行为表现（自己不必实地参与活动），即可获得学习。

班杜拉的观察学习理论是建立在他与合作者所进行的大量实验研究的基础之上的。他们首先让儿童观察成人榜样对一个充气娃娃拳打脚踢，然后把儿童带到一个放有充气娃娃的实验室，让其自由活动，并观察他们的行为表现。结果发现，儿童在实验室里也会对充气娃娃拳打脚踢。这说明：成人榜样对儿童行为有明显影响，儿童可以通过观察成人榜样的行为而习得新行为。在实验后续部分，把儿童分为三组，首先让儿童看到电影中的成年男子的攻击行为。在影片结束后，第一组儿童看到成人榜样被表扬，第二组儿童看到成人榜样受批评，第三组儿童看到成人榜样的行为既不受奖也不受罚。所以，第一组被称为奖赏组，第二组被称为惩罚组，第三组则是控制组。然后，把三组儿童都带到一间游戏室，里面有成人榜样攻击过的对象，让他们玩玩具并观察他们的行为表现。

结果发现，奖赏组儿童的攻击行为最多，惩罚组儿童的攻击行为最少，控制组居中。这说明，榜样攻击行为所导致的后果是儿童是否自发模仿这种行为的决定因素。这被班杜拉称为替代性强化，也就是说强化并没有直接作用于观察者本人身上，而是作用于观察对象身上，但观察者也会因为看到他人因某一行为得到奖赏而受到鼓励，从而模仿该行为。

除替代性强化外，班杜拉认为行为强化的类型还有两种：直接强化和自我强化。直接强化是指当观察者正确实施了行为就直接给予强化；自我强化是指因个人行为表现符合或超出自我标准而带来的强化，会成为一种自我驱动力。观察学习并不依赖直接强化。因为观察者仅仅通过观察别人的行为就能学习到复杂的行为过程，所以不需要亲自体验强化。

三、皮亚杰的心理发展观

皮亚杰

让·皮亚杰（Jean Piaget，1896—1980年），瑞士心理学家，发生认识论创始人，近代最著名的儿童心理学家。皮亚杰最有影响力的理论是儿童认知发展理论，他一生出版了60多本专著、发表了500多篇论文，因为贡献卓越，美国心理学会在1969年皮亚杰73岁时授予他卓著科学贡献奖，1977年国际心理学会授予他爱德华·李·桑代克奖，这是心理学界的最高荣誉。1980年皮亚杰在瑞士去世，享年84岁。皮亚杰一生勤于探索，他曾去过很多国家讲学，获得几十个名誉博士、荣誉教授和荣誉科学院士的称号。

（一）认知发展观

皮亚杰提出，个体认知发展是主体的图式在与外界环境相互作用的过程中借助于同化和顺应而实现的平衡过程。

图式就是个体认知结构组织中最基本的单元，也可以把图式理解为心理活动的框架，是人们认识外界客观事物的基础。最早的图式是通过遗传获得的无条件反射行为，例如吮吸动作、眨眼等。图式在个体成长过程中会不断被丰富和发展。其中，同化和顺应是两个非常重要的途径。同化是指把外界因素纳入认识主体已有的图式中，从而起到补充和丰富原有图式的作用，但这种改变只是量上的变化，原有图式的结构并没有发生变化。当个体原有的图式无法适应新的环境条件时，就只能调整原有的图式或建立新的图式以适应环境，这就是顺应。个体就是在这样不断同化、顺应的过程中，实现与周围环境的平衡，心理也逐渐发展起来。

（二）影响认知发展的因素

皮亚杰认为儿童心理发展既不完全取决于先天素质，也不全是环境影响的结果，而是内外因素共同作用的结果。他提出影响儿童心理发展的因素有四个：成熟因素、练习与经验、社会经验和平衡化机制。成熟指有机体的成长过程，特别强调大脑和神经系统的成熟。成熟为个体身心发展提供了物质前提。练习与经验是指儿童对物体施加动作过程中的习得经验，是认识主体和认识对象在相互作用的过程中逐渐建立起来的。社会经验是指儿童在文化教育和社会生活中借助语言与他人发生相互作用，以及传递和交换社会信息的过程，包括交往技能、生活经验、语言技能等。平衡化机制是影响心理发展的决定性因素，它协调成熟、练习与经验以及社会环境对个体发展的作用，使个体心理发展和变化在平衡状态下进行。

（三）认知发展的阶段

皮亚杰认为个体认知发展表现出一定的规律性和阶段性，依次有四个阶段，所有儿童的心理发展都会经历这四个阶段，不可能跳跃进行。四个阶段分别是感知运动阶段（sensorimotor stage）、前运算阶段（pre-operational stage）、具体运算阶段（concrete operational stage）和形式运算阶段（formal operational stage）。

1. 感知运动阶段（出生至 2 岁左右）

自出生至 2 岁左右，是婴儿的认知能力初步发展的时期，这个时期的婴儿所能做的只是先天获得的一些最基本的反射性动作，如吮吸、抓握、视听等。婴儿通过与周围环境的感觉运动接触来认识世界，也就是说仅通过感知和动作的方式来了解外部环境并认识周围的世界。随着大脑及神经系统的成熟，在与环境相互作用的过程中，到 2 岁末时，婴儿开始出现有意识、有组织的活动。

2. 前运算阶段（2 ～ 7 岁）

与感知运动阶段相比，这个阶段儿童的认知能力有了很大的进步。2 岁以后，由于儿童掌握了口语，语言获得初步发展并逐渐完善，他们对事物的认识开始从具体动作的限制中摆脱出来，凭借象征在头脑里进行“表象性思维”。皮亚杰指出，这个年龄阶段儿童动作的内化很重要。他曾举过一个例子，一个 3 岁的孩子在看一个 1 岁多的婴儿独自一人在婴儿床中玩耍，玩耍过程中婴儿突然不小心摔到了地板上，很快小婴儿就大声地哭喊起来。当时那个 3 岁的孩子诧异而好奇地看着这一切，口中自言自语着。三天后在自己的家中，皮亚杰发现那个 3 岁的小女孩好像在模仿之前小婴儿摔到地上的动作，学着他的样子，重复地跌倒了几次。但她很显然是把这种动作当作一种游戏来玩，因为她并没有因摔倒而哭泣，反而在咯咯发笑。皮亚杰认为，这是因为三天前那个小婴儿摔倒的动作已经内化到小女孩的头脑中去了。内化其实是儿童形成表象的过程，也是儿童智力进步的表现。

前运算阶段儿童认知的特点主要有以下三个方面：

（1）受到事物具体形象的限制，要借助于表象进行思维，思维水平还较低。

（2）思维具有不可逆性，缺乏守恒结构。可逆性指改变思维方向，使它回到之前的起点。前运算阶段儿童的思维不具备这样的能力，不能回到起点。这个阶段的儿童只能从单维度进行思维，比如对于比较不同形状容器中水的体积是否一样，他们要么从容器的高度来衡量，要么从宽度来衡量，不能同时顾及容器的高度和宽度。

（3）自我中心性。这个阶段的儿童习惯于从自己的角度出发，去理解和认识他人的世界和感受，只有参照他自己才能理解事物，皮亚杰将这一现象称为“自我中心”。即儿童认为别人看待和理解事物的方式应该与自己完全一样，但是他们还没有意识到别人可能有与自己完全不同的看问题的角度和方式。

3. 具体运算阶段（7～12 岁）

相比较前运算阶段，这个阶段的儿童的认知能力又有了明显进步。他们已经具有初步的抽象概念，能够进行逻辑推理，能够运用语言符号进行思考活动。要注意的是，这个阶段的儿童的认知还不能离开具体事物的支持。

具体运算阶段儿童认知的特点主要有以下四个方面：

（1）思维具有可逆性，懂得动作的结果可以还原。

（2）形成了类的概念，获得了分类和包括的智慧动作。分类就是按照某种特征来挑选事物，例如他们知道鲫鱼（用 A 表示）少于鱼（用 B 表示），鱼少于动物（C），动物少于生物（D），这既是一种分类包括能力，也是一种运算能力，即 A（鲫鱼）<B（鱼类）<C（动物）<D（生物）。

（3）自我中心思想逐步减弱。在前面两个阶段，儿童表现出明显的自我中心认识特点，他们从自身的参照体系出发去看待和理解周围的其他人，这影响了儿童客观地看待外部事物。这个阶段儿童的自我中心思想削弱。例如，一个 10 岁的男孩给妈妈挑选生日礼物，不会再像小时候那样选择玩具汽车和手枪，而是会从妈妈的角度选择她喜欢的东西，比如漂亮的饰品等。

（4）守恒性。这个阶段的个体认识到物体在形状上发生了变化，但其特有的属性不变。但是处在具体运算阶段的个体在不同认知领域获得守恒意识的年龄不同，比如获得长度守恒意识 6 岁就开始了，液体守恒意识要到 7 岁左右，而体积守恒意识要到大约 11、12 岁。

4. 形式运算阶段（12 岁以后）

形式运算阶段大约从 12 岁开始，这个阶段个体的思维有了一定的认知结构系统。这时他们不再将思维局限于事物的具体内容上，开始尝试运用抽象的概念，能提出假设推测并进行验证，知道事物的发生有多种可能性，这个阶段儿童的思维水平差不多和成熟成年人的思维水平相当。

此前发展阶段的儿童只能通过具体事物、形象或过程来进行思维，不能遵循某种"形式"来进行思维。而当步入形式运算阶段，个体已经可以通过利用语言文字在头脑中重建事物和过程来解决问题。

形式运算阶段儿童认知的特点主要有以下两个方面：

（1）这个阶段的个体可以进行假设演绎推理，也就是以假设的情形为前提，然后在假设的基础上进行推理，进而得出结论。因此，形式运算也通常被称为假设演绎运算。

（2）抽象思维发展较好。比如中学阶段的数学、物理、化学等学科的学习都要求个体有较高的抽象思维水平，而中学阶段的个体这方面发展已比较完善。

本章小结

本章由三节组成，第一节主要阐述了学前儿童心理发展的影响因素，包括生物学因素和环境因素两种，通过本节的学习，要能够正确理解不同因素是如何影响学前儿童心理发展的，在学前儿童心理发展的过程中又各自发挥什么样的作用。第二节具体介绍了学前儿童心理发展的年龄特征，通过本节的学习，要能够了解不同年龄阶段学前儿童的心理发展特征，包括 3 岁前、3 ～ 4 岁、4 ～ 5 岁、5 ～ 6 岁儿童心理发展的年龄特征。第三节主要介绍了心理学领域影响比较大的几种儿童心理发展理论流派，包括：心理分析学派的心理发展观，主要是弗洛伊德的人格结构理论和心理发展理论；行为主义学派的心理发展观，包括华生的行为主义观点，斯金纳的操作性条件反射理论和班杜拉的社会学习理论等；皮亚杰的心理发展观，主要包括他的认知发展观和儿童的认知发展阶段理论，他把儿童的心理发展划分为感知运动阶段、前运算阶段、具体运算阶段、形式运算阶段四个阶段。通过本节的学习，要能够了解儿童心理发展理论主要流派的基本观点及代表人物。

本章主要内容如图所示：

- 学前儿童心理发展的基本理论
  - 学前儿童心理发展的影响因素
    - 影响学前儿童心理发展的生物学因素
    - 影响学前儿童心理发展的环境因素
  - 学前儿童心理发展的年龄特征
    - 学前儿童心理发展的一般特征
    - 3岁前儿童心理发展的年龄特征
    - 3～4岁儿童心理发展的年龄特征
    - 4～5岁儿童心理发展的年龄特征
    - 5～6岁儿童心理发展的年龄特征
  - 儿童心理发展理论流派及其主要观点
    - 心理分析学派的心理发展观
    - 行为主义学派的心理发展观
    - 皮亚杰的心理发展观

同步练习

一、名词解释

遗传　反射行为　无意识　超我　口腔期　操作性条件反射

观察学习　图式　同化　顺应

二、简答题

1. 比较巴甫洛夫的经典条件反射和斯金纳的操作性条件反射的区别。
2. 不同的家庭教养方式对儿童心理发展会产生什么样的影响?
3. 阐述皮亚杰认知发展理论中各阶段儿童认知的特点。

三、材料分析题

1920 年，在印度加尔各答西面约 1 000 千米的丛林中，发现了两个狼哺育的女孩。年长的估计 8 岁，年幼的一岁半，大概都是在出生后半年被狼衔去的。两人回到人类世界后，都由孤儿院养育，分别被取名为卡玛拉与阿玛拉，也被称为“狼女”。她们的言语、动作姿势、情绪反应等方面都能很明显地看出狼的生活痕迹。卡玛拉与阿玛拉不会和人一样走路，而是四肢着地，像松鼠般机灵地四处跑动。据照料她们的专家辛格讲，她们那目光锐利的蓝眼睛，黑暗中能像狼眼似的闪闪发光。辛格后来还说，这两个孩子刚被找到的时候，一直是“像狼一样舔食东西”；再热也不淌汗，而是像狗一般地张大嘴巴喘气，借以散热降温。小阿玛拉不久即死于肾炎。卡玛拉在两年后，才会发两个单词（“波、波”和叫牧师夫人“妈”），4 年后才掌握了 6 个单词。她动作姿势的变化也很缓慢，孤儿院的老师花费了 5 年的时间才教会她直立行走，但她快跑时又会用四肢。卡玛拉活到 17 岁，但她直到死时还没真正学会说话，智力只相当于三四岁的孩子。

根据影响儿童心理发展的因素来解释狼孩姐妹俩的心理形成和发展。

第二部分

学前儿童认知的发展

第三章 学前儿童注意和感知觉的发展

学习目标

1. 了解注意的概念和学前儿童注意的发展特点。
2. 掌握学前儿童注意培养的方法。
3. 理解感觉、知觉的概念及学前儿童感知觉的发展特点。
4. 掌握学前儿童观察力的培养方法。

学习重难点

1. 重点：学前儿童注意的特点；学前儿童感知觉的发展特点。
2. 难点：学前儿童注意力的培养方法；学前儿童观察力的培养方法。

教学建议

1. 要了解学前儿童注意、感知觉的心理发展过程及培养方法。
2. 学过的知识要学会灵活应用，解决教学中出现的问题。

第一节　学前儿童注意的发展

一、注意概述

在生活中我们经常听到这样的话："注意看、注意听、注意想、注意听讲……"那什么是注意呢？注意不是一种具体的心理过程，它通常伴随着其他的心理过程产生，并保证其顺利进行。所以说注意是一种心理状态，指人的内心活动在一定时间内对一定对象的指向和集中。

当人的注意发生时，通常会伴随着一系列的内在生理变化和外部行为表现，主要体现在以下三个方面：

（1）适应性动作。人在注意某个事情的时候，通常会表现出有利于指向和集中于这个事情的动作和状态，自觉不自觉地想要靠近。如人在注意看的时候，会出现目不转睛的状态；在注意听的时候，会出现侧耳的状态；在注意闻的时候，会出现向前探鼻子的状态。这样就会更专注于注意的对象。

（2）无关运动的停止。当注意这种心理状态发生时，人就会停止与注意对象无关的动作。如当幼儿在注意看电视里播放的动画片时，就会停止咀嚼嘴里的饭菜，专注地盯着屏幕；当幼儿在专心听老师说话时，就会停下手中的小动作，变得很安静。

（3）生理运动变化。当学前儿童注意发生的时候，他会不由自主地放慢呼吸，并且呼吸会变得很轻微。当注意的对象让儿童心理变得紧张时，儿童会不自觉地出现心跳加速、握紧拳头、屏住呼吸等生理上的变化。

当学前儿童产生注意时，心理活动就开始了。在这个过程中，注意确保了儿童的心理活动能一直指向和集中于注意对象，否则就无办法清楚、完整地了解事情发生、发展的经过。具体来说，注意对学前儿童的发展有以下三个功能：

（1）选择功能。选择功能是注意最主要的功能，它能使儿童在特定时间内选择对他来说有意义且符合当前活动需要的事物，并且排除无关刺激的干扰。如一个儿童非常喜欢弹钢琴，即使是在嘈杂的商场里，他也能专注地弹奏，丝毫不受周边人群的影响。这种能够避开或抑制无关刺激干扰的能力对儿童的学习和工作是非常重要的。注意的选择功能也是注意的其他功能发挥作用的基础。

（2）保持功能。一项活动的顺利进行需要人的心理活动较长时间地停留在所选择的对象上，并且在这段时间内一直维持一种紧张的状态，这个过程需要发挥注意的保持功能。如果中间出现注意的转移或者分散，是不利于活动的进行的。学前儿童无论是学习还是游戏，都需要注意来维持。如在搭积木垒高的时候，要集中注意把积木块搭在另一块的上面，如果注意力不集中就容易倒塌。

（3）调节功能。注意能使人的心理活动在一定时间内指向和集中于某一特定的事物。对于学前儿童来说，注意能使他们保持专注，及时发现周边环境发生的变化，并在最短时间内作出反应，调整自己的动作、行为。如在玩拼图游戏时，幼儿要注意识别每一块小拼图摆放的位置，当转换活动时幼儿又要集中注意听老师的指示，按要求把拼图送回玩具柜，并把椅子摆回指定地方。如果幼儿不能集中注意力，就听不到或者听不完整教师的指示，记不住学过的东西。

二、学前儿童注意发展的特点

（一）无意注意占优势

无意注意是指没有预定目的，也不需要意志努力的注意。例如，幼儿正安静地吃饭，突然有人把勺子掉在地上，发出巨大响声，幼儿就会不由自主地寻找声音的来源。

0～6岁的学前儿童是以无意注意为主的，尤其是3岁以前，注意类型基本上都是无意注意，3～6岁幼儿的注意仍旧是无意注意占优势。影响学前儿童无意注意的因素有两个方面：刺激物的特点和学前儿童的主观因素。

一般来说，无意注意产生的原因是学前儿童受到刺激物的吸引后不由自主地对其给予关注。无意注意的程度受刺激物的强度和新颖程度的影响。刺激物的强度越大，就越容易引起儿童的关注。反之，刺激物的强度越小，就越不容易引起幼儿的关注。如一杯白开水的味道通常不会引起人的注意，但一杯咖啡散发的浓郁气味就很容易引起人的注意；在喧闹的地铁里大声喊叫某人的名字，有时候也未必能引起他人的注意，但是在安静的课堂上，窃窃私语都会立刻引起教师和别的同学的注意。刺激物的新颖程度也会影响无意注意，新奇的事物更容易引起学前儿童的注意。如在活动区一直摆放的旧积木不容易引起幼儿的无意注意，但如果新添置了玩教具材料，就非常容易引起幼儿的注意。另外，颜色鲜明的物体、突然出现的或突然发生变化的事物更容易引起学前儿童的无意注意。如在黑白色卡片和彩色绘本之间，儿童更容易被颜色鲜明的彩色绘本吸引；在看故事书和看动画片之间，儿童更容易被有声音的动画片所吸引。

儿童的无意注意受其主观因素的影响。学前儿童的主观因素包括兴趣、需要、知识经验等因素。学前儿童更容易关注那些符合自己兴趣爱好的事物。如有的学前儿童喜欢汽车，走在路上他会关注各种各样的车辆；有的学前儿童喜欢花，看到花他会认真观察，而那些不喜欢花的幼儿则不会去关注。学前儿童的身心状况也会影响其无意注意的水平，当其身体欠佳或者心情不好时，无意注意的水平会显著降低。另外，学前儿童有参加成人各种社会实践活动的渴望，如看到司机开车、教师讲课、医生看病、护士打针、交警指挥交通等，他们都想自己去尝试一下，所以当周围出现类似场景的时候，会不知不觉吸引学前儿童的注意。

资料链接

若若是个活泼好玩的姑娘，但今天早上她被妈妈惩罚了，心情很不好。到幼儿园后，若若一上午都闷闷不乐的，对什么活动都没有兴趣参加。老师带她去美工区，她坐着不想画。又换到建构区，她还是有点不开心。最后老师又带她去了娃娃家，她只是随手拿起一个玩具坐在角落里，连添置了新玩偶都没有发现。

分析：幼儿的无意注意受身心状况的影响，若若由于受惩罚，心情不好，平时喜欢的活动现在都提不起兴趣，也就无心关注周边的事情了。

（二）有意注意开始发展

有意注意是指有预定的目的，需要付出一定努力的注意。在工作和学习中，我们难免会遇到这样或那样的困难，当困难发生时，我们需要努力使注意力继续维持在工作和学习的内容上，这个排除干扰的过程用到的就是有意注意。对于学前儿童来说，他们很多的学习和游戏都需要有意注意来保障。

在幼儿期，有意注意刚刚开始发展，处于较低的发展水平，往往表现出稳定性差、易受成人影响的特点。分析其原因，主要有以下两点：主观方面，幼儿的有意注意受身心发展水平的影响，尤其是大脑发育水平。客观方面，成人的引导会影响幼儿有意注意的发展。如老师在活动前向幼儿介绍本次活动的目的，通过一些小游戏、猜谜语、设置情境等吸引幼儿的注意；在活动中，当幼儿不注意听讲时，教师可以用突然改变说话音量和节奏的方式来吸引幼儿的注意，必要时可以用提问的方法吸引幼儿的注意。可见，教师的有效组织可以提升幼儿的有意注意水平。

（三）注意稳定性差

注意的稳定性是考量幼儿注意发展水平的重要指标，是用时间的长短来衡量的。幼儿对某一对象所能保持注意的时间越长，幼儿注意的稳定性越好；幼儿对某一对象所能保持注意的时间越短，幼儿注意的稳定性越差。人对事物的注意是无法长时间地保持在一个地方固定不变的，如学生在上课听讲的时候，隔壁教室在上音乐课，那么在听讲的过程中注意力就会不时地转移到对音乐的关注上，可见注意会随着周边环境的变化而发生变化。3～6 岁的幼儿对什么都充满好奇，想到处摸一摸、看一看、动一动，因此很难将注意长时间集中于同一个地方。不过，随着幼儿年龄的增长，大脑发育水平的提高，兴趣爱好逐渐增多，其注意的稳定性也会逐渐提高。一般来说，3～4 岁的幼儿有效注意时间为 3～5 分钟，4～5 岁的幼儿有效注意时间为 5～10 分钟，这主要是由于幼儿年龄越小，越容易被周边新奇的事物吸引。5～6 岁的幼儿注意开始逐渐趋向稳定，有意注意开始发展，有效注意时间为 10～15 分钟。

（四）注意分配能力弱

注意的分配能力是指在同一时间内进行两种或两种以上活动时，幼儿可以把注意力同时分配在这几种活动上。如在开车时，我们既要专心驾驶，同时又要关注交通信号灯的指示，还要关注马路上的行人和车辆，这就是注意的分配。再如，一些歌手可以边弹边唱，或者是边跳边唱。年龄较小的幼儿一般只能关注到形象鲜明新颖、外表生动形象、能有动态变化的事物，而且往往只能在同一时间关注到一个事物，如他们在玩玩具的时候，就顾不上跟别人说话，如果想跟别人说话，就会停止玩手中的玩具。4～5 岁的幼儿能够关注到事物细节上的特征，也能注意到两个事物之间明显的关系，如阳光和树影之间的关系。5～6 岁的幼儿由于知识经验的增多，注意的范围在不断扩大，注意的分配能力也进一步提升，如他们能一边跳绳一边数数，能一边唱歌一边跳舞，将注意力同时分配在两件事情上。

（五）注意转移能力差

注意的转移能力是指根据新的要求，有目的、有计划地将注意力从一个事情转移到另外一个事情上面。如在大班“寻找春天”的活动中，教师带领幼儿去植物园游览，先让幼儿观察春天小草发芽是什么样的，又让幼儿去观察春天小树发芽是什么样的，这时候就需要幼儿把注意从小草转移到小树上来。幼儿注意的转移是一种主动地改变注意对象的过程，它跟分心不是一个概念，分心是由于受到了无关刺激的干扰而出现的一种被动地转移注意的过程，如在上课的过程中，幼儿突然被天空中形状各异的云吸引，而忘了听课。

影响幼儿注意转移的因素是多方面的，从幼儿主观因素来说，幼儿对原来活动的注意集中程度越高，注意的转移就越难。如幼儿正在很投入地玩手机游戏，妈妈让幼儿去看书学习，这时候注意转移就很难，即使他去看书，心里也还是会对手机游戏念念不忘。从客观因素来说，新的注意对象是否能吸引幼儿的兴趣，能否满足幼儿的需要，也会影响幼儿的注意转移。当新事物符合幼儿的兴趣和需要时就容易实现转移，当新事物不符合幼儿的兴趣和需要时就不容易实现转移。

资料链接

测验一下你的注意力是什么水平

下面的表格中有打乱顺序的 50 个数字，请按要求找到 3 个相连数，如 31、32、33 或者是 44、45、46。如果能在 15 秒内完成，表示此刻你的注意力非常集中。如果能在 30 秒内完成，表示此刻你的注意力属于中等水平。如果要超过 60 秒才能完成，表示此刻你没有认真寻找，需要好好训练你的专注能力了。

30	42	59	36	49
52	64	31	72	88
41	55	61	84	47
65	73	40	80	60
58	32	51	45	76
69	48	85	57	39
43	82	33	54	67
62	53	75	34	50
77	35	86	46	79
44	56	37	63	38
74	87	66	83	71
81	70	89	78	68

三、学前儿童注意力的培养

（一）让学前儿童明确活动的目标

在活动前，对学前儿童提出明确、具体的活动要求，能够激发幼儿完成该任务的积极性，有助于幼儿产生有意注意的意识。如果幼儿通过活动目标意识到了活动的重要性，就能够更加自觉地控制自己的注意，并使注意力集中保持在所要完成的任务上。如学生在学英语的时候，感到背单词、记语法的过程很枯燥无味，想要放弃，但是当他意识到学好英语对以后的国际交流、深造学习、就业升学等都是很有好处的，他就会克服困难，继续投入到英语的学习中去。

（二）根据学前儿童的兴趣需要和经验水平组织活动

通过前面的学习，我们知道兴趣在学前儿童注意的培养中是至关重要的。对于感兴趣的活动，学前儿童注意力容易集中，而且维持的时间也长；反之，对于不感兴趣的活动，他们就没有参与的动力，也就不会专注于这个活动，注意维持时间就更无从谈起了。游戏化的教学形式是最符合学前儿童兴趣和需要的教学形式，儿童愿意参加，并能较长时间地沉浸其中。另外，学前儿童拥有的知识经验也与其注意水平有密切的关系，如经常会看到儿童反反复复地讲一个故事，听一首儿歌，但是遇到他不认识的东西，注意力容易涣散。

（三）注重培养学前儿童注意的方法

有意注意的保持经常会面临一些考验，所以教给学前儿童一些有效组织有意注意的方法是至关重要的。如在读书的时候，可以让他们用手指着字，一行一行地去读，调动多种感官，这样注意力就会更集中。在同一时间教师或家长要适当控制给学前儿童提供的玩具和图书的数量，如果一次性给他们提供过多的玩具和图书，学前儿童就会注意力分散，“吃着碗里的，看着锅里的”，很难专注地玩一个玩具或看一本书。另外，可以利用一日生活的各个环节，有意识地训练学前儿童的有意注意，如在去幼儿园的路上，可以提醒他们注意观察路上的行人、车辆及路边植物的变化；在活动区里，可以布置观察植物发芽的任务，培养学前儿童有目的观察的习惯。

资料链接

多米是家里的独生子，一家人都宠着他。平日里，多米想要什么爸爸妈妈就给他什么，想做什么爸爸妈妈就让做什么，从来不会违背多米的意愿。一家人总是想办法逗多米开心，一个活动还没结束就用新的活动吸引多米的注意，最常发生的事情就是他们陪多米玩玩具的时候，不停地给多米递新玩具，多米刚拿起一个玩具玩了几下，大人就递新的玩具过来，又玩几下又有新的。正是由于长期以来形成了这样的习惯，所以多米难以集中精力完成一件事情。上学后，多米注意力极易分散，上课时，他不是逗别的小朋友说话打闹，就是在下面搞小动作，学习成绩一直没有提升上去。

分析：多米注意力难以集中的问题，很大程度上是父母早期不合理的教养方式造成的。在学前儿童注意发展的关键时期，父母或者其他的成人要给他们创造一个良好的环境，在学前儿童专注游戏的时候不要轻易打断，并且适当地控制其游戏材料的数量，不要在同一时间提供太多，以防分散学前儿童的注意力。

第二节 学前儿童感知觉的发展

一、感知觉概述

感知觉是人类认识活动的开端，人类依靠感知觉来认识客观世界，尤其是两岁以内的婴儿，主要靠感知觉来了解和认识世界。

感知觉是心理活动最初的阶段，是形成记忆、想象、思维、语言等其他心理过程的基础。研究证明，人在出生的时候，就已经具备一定的感知觉，如把乳头放到新生儿嘴里他就会吮吸，尿湿褥子感到不舒服就会哭闹，感到饿了或者是冷了都会作出反应，吃饱了就会睡觉，听到声音就会从睡眠中惊醒。另外，新生儿也对甜和苦有明显的反应。这些与生俱来的感知能力对于新生儿的生存具有重要意义。

婴儿期是感知觉发展的主要时期，在婴儿的认知活动中，感知觉占据最主要的地位。婴儿往往是借助于视觉、触觉、听觉等具体的感知觉来认识事物的，如认识苹果，他们往往要闻一闻味道、摸一摸手感、尝一尝口感，以此来了解苹果的特点。婴儿用同样的方法来认识客观世界。按照皮亚杰的理论，婴儿的思维也处于“感知运动阶段”，主要依靠感觉器官获得的信息对周围环境带来的刺激作出反应。

那什么是感知觉呢？通常我们把感知觉分为感觉和知觉两个概念来学习和了解。

感觉是指人脑对直接作用于感觉器官的事物的个别属性的认识。人对客观事物个别属性的认识都是通过感觉器官获得的，它是最简单的心理过程，也是其他复杂心理过程的基础。由于刺激物的来源不同，我们可以把感觉分为外部感觉和内部感觉。外部感觉需要感觉器官发挥作用，如用眼睛能看到五星红旗的颜色，这是视觉；用耳朵能听到悦耳的音乐，这是听觉；用鼻子能闻到芬芳的花香，这是嗅觉；用舌头能品出甘甜的美酒，这是味觉；皮肤能在冬天感觉到寒冷，这是肤觉。内部感觉是由身体内部的刺激带来的，它包括机体觉、运动觉、平衡觉等，如我们能感觉到的饥饿、渴、胀、疼痛等都属于内部感觉。

感觉反映的是事物单独的属性。但是在现实生活中，我们对客观事物的认识往往是把事物的不同属性综合在一起，形成对客观事物整体属性的反映，这就是知觉。知觉是指人脑对直接作用于感觉器官的事物的整体属性的认识。如拿过来一个苹果，我们不会只是单纯地要闻一闻味道，或者尝一尝口感，苹果所有的个别属性都会同时反映在我们的脑海里。知觉以感觉为基础，但绝不是简单地把感觉叠加在一起，它需要人脑对所感受到的事物进行分析综合，最后得出对客观事物的结论。在认识世界的过程中，两者通常是同时发生的，但是在研究中，需要分开介绍。

二、学前儿童感知觉发展的特点

（一）听觉

听觉是人最早开始发展的感知觉，对学前儿童认知发展有重要作用。幼儿期是口头语言发展的关键期，通过听和说，幼儿的口语表达能力和理解能力得到持续的发展。

许多研究表明，20 周的胎儿对声音有明显的反应，如他们听到母亲的话会有反应，对不同的音乐也会有不同的反应。曾有一个实验，当孕妇在房间里看一个恐怖电影时，如果音乐是让人感觉恐怖的风格，胎儿就会有踢腿的反应。对胎儿进行音乐胎教也正是利用了胎儿听力已经开始发展这一规律。

不同婴儿分辨最小声音的能力是不一样的，即听觉感受性是有个体差异的。但总的来说，婴儿的听觉感受性呈现出随着年龄的增长而增强的趋势（见表 3-1）。

表 3-1　婴儿听觉感受性发展顺序

年龄	听觉感受性发展特点
2～3 个月	听到声音后，会表现出“听”的相应动作
3～4 个月	听到声音会寻找声源
8～9 个月	能对不同声音作出不同反应，如听到妈妈的声音会笑，听到呵斥的声音会害怕、哭

幼儿的言语听觉能力也在不断发展，4～5岁的幼儿可以分辨语音的细小差别，但与成人相比，差距明显比较大。随着年龄的增长，其分辨能力与成人的差距会逐渐减小，5～6岁的幼儿几乎可以轻松地辨别本民族的所有语言及其正确发音。

资料链接

学前儿童重听现象

重听是学前儿童听力的一种特殊现象，是一种听力缺陷。当学前儿童表现出听不清楚或者听不懂别人说的话时，我们就要考虑他是不是存在重听的问题了。一般来说，学前儿童重听特别容易被人忽略，因为这种现象只发生在个别儿童的身上，而且患有重听的儿童，会根据说话人的表情、嘴唇动作以及当时的语境猜测出对方说话的内容，所以不容易被发现。但是当学前儿童出现听不清或者听不懂别人说话的情况时，成人应该给予足够的重视，考虑是不是其听力出现了问题。

重听会对学前儿童言语发展产生消极影响，听不清楚，就会理解不到位，表达得就不准确，久而久之，就会影响语言能力的发展。而听力越差，重听现象就越严重，形成恶性循环。另外，学前儿童重听的缺陷也会影响其智力的发展、注意品质的提升和社会交往能力的提升等。

引起学前儿童重听的原因有两个，一个是听觉器官出现问题，另外一个是注意力不集中。因此可以从这两个方面对其进行有针对性的纠正。

（二）视觉

视觉是人类获得外部世界信息最重要的渠道之一，人类超过80%的信息都是通过视觉获取的。婴儿从出生起，视觉就在迅速发展，具体来讲，学前儿童视觉的发展表现在视敏度和颜色视觉两个方面。

我们常说的视力就是视敏度，它是指人分辨细小物体或者远距离物体细微部分的能力。新生儿的视觉器官虽然在结构上已经具备视觉功能，但是由于其晶状体的调节功能差，所以他们对距离20厘米左右的物体或图像看得最清楚，比这个距离远或距离近，新生儿都只能模糊地感受到它。但是新生儿可以察觉移动的物体，并可以进行视觉追随。如出生42天左右的婴儿，当父母用色彩鲜艳的东西引逗时，就会表现出追视的行为。随着年龄的增长，儿童的视敏度也在逐渐提高。调查结果显示，用视力测量表测量幼儿的视力，发现中班幼儿看清视力表上某个图形的平均距离为2.1米，大班幼儿平均距离为2.7米，6～7岁的幼儿可达到3米。

学前儿童的颜色视觉能力也是随着年龄的增长而逐渐发展的。3岁的幼儿可以辨认出红、黄、绿、蓝、黑、白等颜色，但是还不能完全正确地说出每种颜色的名称。4岁的幼儿能正确辨认出各种基本颜色，也能说出一些相近的颜色，如红色和粉色、黄色和橙色等。5岁的幼儿能够辨认出更多的混合色，也能够正确地说出颜色的名称。

学前儿童的颜色视觉能力有明显的个体差异，有的儿童对颜色的辨别能力很强，能够辨别相近色。但总体来说，女孩颜色辨别能力明显高于男孩，如在很多男性眼中，口红的颜色都是红色，而在女性眼里，口红有正红、枫叶红、玫红、豆沙红、橘红等几十个颜色。我们把颜色视觉缺陷称为色盲，常见的有红绿色盲，即不能正确分辨红色和绿色。

视觉是人体最重要的感觉通道之一，因此要从小引导学前儿童注意用眼卫生，保护视力，预防近视。具体来说可以从以下几方面入手：

（1）家里和幼儿园都要保持学前儿童看书时有充分的照明，当光线不足时，应及时提醒孩子。

（2）培养学前儿童正确的坐姿和握笔书写的姿势。给他们提供的桌椅要适合其身高。

（3）不要让学前儿童长时间看书、看电视、玩电子产品，防止视觉疲劳。

（4）给学前儿童选择的书、图画和教具上的字应较大、清晰、印刷质量好。

（三）其他感觉

新生儿从出生时起就有嗅觉和味觉。依靠灵敏的嗅觉新生儿可以准确地寻找到母亲的乳头。新生儿也可以准确地分辨不同口味的食物，当他喝到甘甜的牛奶、白开水和苦涩的药水时会有不同的表现。儿童的嗅觉和味觉是随着年龄的增长逐渐提升的。

触觉也是生来就有的，而且随着儿童年龄的增长而逐渐发展。吮吸反射、抓握反射、巴宾斯基反射等都是新生儿先天的触觉反应的表现。新生儿比较敏感的触觉区域有嘴唇、手掌心、脚掌心、眼睑等，当靠近或者触摸这些部位的时候，新生儿会有明显的反应。触觉在人的生活和认知中是非常重要的，我们借助触觉感知物体的轻重、软硬、冷暖、光滑和粗糙、材质等。另外，触觉对于学前儿童心理发展有重要的作用，是父母和孩子之间建立亲子依恋的重要途径。触觉也是学前儿童探索世界的一种方式，尤其是两岁前的婴儿，他们通过口腔的探索和手的探索感知、认识周围的世界。值得注意的是，吃手是婴儿用口腔探索的表现，2 岁前婴儿吃手是正常现象，但是长大后仍有吃手的习惯就属于不正常行为，需要家长及时予以纠正。

资料链接

新生儿抚触

新生儿抚触是指在科学的指导下，有技巧地对婴儿全身进行爱抚和触摸，这是时下流行的一种科学育婴新方法，它可以带给宝宝足够的安全感，并且能促进宝宝的生长发育和智力发展。在抚触的过程中，还能加深亲子之间的感情。在为新生儿做抚触时，有以下事项需要注意：

（1）抚触一般在新生儿吃完奶后 1 小时左右进行，沐浴后最好。

（2）注意室内温度，防止新生儿受凉。

（3）抚触前要洗干净手，保证手部清洁。摘下手上所有的饰品，修剪指甲，以防划伤新生儿娇嫩的肌肤。

（4）可以在手上涂抹少量的抚触油或橄榄油，在抚触时起润滑的作用。不要直接把抚触油或橄榄油抹在新生儿的身上，以防引起新生儿的不适。

（5）做抚触的过程中可以播放一些轻音乐，或者跟新生儿有一些语言和眼神的交流，增加亲子感情。

（6）如果新生儿在抚触的过程中有哭闹或呕吐等不适的情况，要立即停止。

（四）空间知觉

1. 形状知觉

形状知觉是指学前儿童对物体轮廓的感知，以及对物体各部分之间的关系的认识。学前儿童辨认形状的能力会随着年龄的增长而发展（见表 3 - 2）。两岁以后，学前儿童能在生活或者游戏中区分一些较为明显的大小、形状和颜色，并且能在游戏中按照一定的物体形状特征进行排序。如在搭积木的游戏中，会将小块的积木摆在大块的积木上面；在剪纸的活动中会剪一个圆形或者剪一个方形。

表 3-2 幼儿辨别图形能力的发展顺序

年龄	幼儿能辨别的图形
3 岁左右	幼儿一般可以辨别圆形、正方形和三角形
4～5 岁	幼儿能把两个三角形拼成一个大的三角形，把两个半圆拼成一个完整的圆形
6 岁左右	幼儿能认识椭圆形、五角星、六角星、菱形、圆柱形等形状

2. 方位知觉

方位知觉是指对自己所处的位置和方向的感知。学前儿童方位知觉的发展顺序是：上下→前后→左右。具体的发展趋势是：3 岁的幼儿能辨别上下方位，4 岁的幼儿能辨别前后方位，5 岁的幼儿能辨别以自己为中心的左右方位，6 岁的幼儿能够辨别以别人为中心的左右方位，但以左右方位的相对性来辨别左右还是很困难的。

3. 距离知觉

距离知觉是指对物体远近的感知。距离知觉中最重要的视觉信号就是“远处小，近处大；远处模糊，近处清晰”，但是学前儿童的思维特点决定了他们很难将现实中的距离和他们获取到的视觉信号对应起来。如在一张照片中，近景是一朵向日葵，远景是一棵大树，从图上看向日葵比树大，那么学前儿童就会认为在现实中向日葵也会比树大。对于熟悉的场景或物体，大班幼儿可以区分清楚它们的远和近，但是对不熟悉的场景或物体，则不能正确地区分。

4. 深度知觉

深度知觉是指对自己和物体之间纵深距离的感知。学前儿童生活在一个三维空间，深度知觉的发展对其活动的安全性和准确性有重要的意义。学前儿童的深度知觉与早期的爬行经验有关，爬行可以提高其动作的协调性和灵活性，同时爬行的过程还可以训练儿童视觉的稳定性和对深度知觉的感知，让他们知道生活的环境不是一个平面，会有高低起落。关于深度知觉最著名的实验是“视崖实验”。

资料链接

视崖实验

“视崖实验”是发展心理学中非常著名的经典实验之一，它是由美国心理学家沃克（Walk）和吉布森（Gibson）在 1960 年进行的一项旨在研究婴儿深度知觉的实验。

实验装置如图所示，研究者设计了一个叫“视觉悬崖”的装置，整体看上去是平坦的棋盘式的平台，平台中间是木板，供婴儿趴着。木板两侧覆盖厚厚的玻璃板，一侧铺着红白相间的布，视为浅侧；另一侧在布料上方覆盖玻璃板，且布料与玻璃板相隔数尺，形成视觉悬崖。实验时，将婴儿放置在悬崖和浅侧中间，让他趴在平台上。让婴儿的母亲分别站在浅侧和悬崖侧呼唤或用玩具吸引婴儿，观察婴儿是否会从有深度错觉的一侧爬到另外一侧，从而研究婴儿是否具备深度知觉。如果婴儿不具备深度知觉，他会爬向母亲。如果他已经具备深度知觉则不会爬过去。实验结果显示，6 ～ 7 个月的婴儿已经具备了深度知觉。

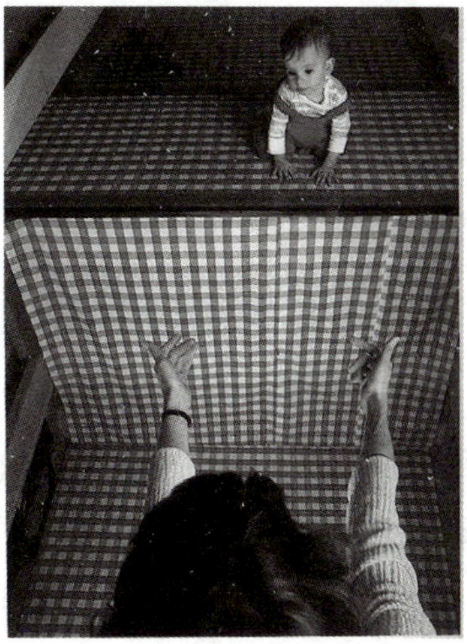

（五）时间知觉

时间知觉是指对事物或事件的连续性和顺序性的感知，包括对时间的辨别、估计、预测等。由于时间是一个抽象的概念，不能具体形象化，所以对学前儿童来说比较难以理解和把握。影响时间知觉的因素是多方面的，首先，大脑的发育程度是影响时间知觉的重要因素，时间知觉会随着年龄的增加而发展。其次，同一时间内发生事情的数量也会影响人的时间知觉，我们都有这样的经验，当遇到的事情数量很多、很复杂时，就会觉得时间过得飞快；相反，当我们无事可做，或者事情难度很低时，就会觉得时间很充裕，甚至会觉得过得很慢。再次，兴趣也影响着人的时间知觉，沉醉在喜欢做的事情里会觉得时间过得飞快，面对讨厌做的事情就会觉得度日如年。

3 ～ 6 岁的幼儿对时间已经有了一些初步的感知，但他们对时间的知觉往往是和具体的事情联系在一起的，如小班的幼儿所认知的早上，就是要起床上幼儿园的时间；他们所认知的晚上，就是父母下班回家，全家能一起吃晚饭、看电视的时间。中班的幼儿能简单地区分昨天、今天和明天，但是他们掌握不了更远的时间。大班的幼儿能简单地认识钟表，如整点、半点等，但是不能认识分钟、秒钟等更小的时间单位。所以说他们对时间的知觉水平不高，精确度也不高，但是整体水平会随着年龄的增长逐步提高。

三、学前儿童观察力的培养

观察是有计划、有目的、比较持久地认识客观世界的活动，它是知觉的一种具体表现。良好的观察力对学前儿童是至关重要的，它是学前儿童智力的重要组成成分，也是智力发展的基础，对认知的发展、心理的发展、知识的获取等都具有重要的作用。学前儿童的观察力是后天形成的，可以通过以下几个方面培养学前儿童的观察力。

（一）提出明确的观察目标

在观察之前，教师要明确告诉学前儿童观察的目标是什么。教师制定的观察目标越具体，学前儿童观察的针对性就越强，观察的效果也就越好。如教师带领幼儿去观察小白兔，观察前不对幼儿提任何观察要求，参观结束后幼儿对小白兔的印象可能就不会很深刻。但如果教师明确告诉幼儿要观察小白兔的眼睛是什么颜色，尾巴是什么形状，幼儿就会观察得很仔细，不容易受到其他无关刺激的干扰。

（二）教会学前儿童简单的观察方法

学前儿童观察得不仔细、不全面往往与其不懂得观察方法有直接的关系，容易出现遗漏的情况。成人可以教会学前儿童按照一定的顺序进行观察，如从上到下观察、从左到右观察、从近到远观察、先观察整体再观察部分，等等。在观察的过程中，可以用语言进行提示，引导学前儿童关注事物重要的特点，如观察小鸡和小鸭时，让儿童注意他们的嘴巴、脚、翅膀等有什么不同。另外，也可以用提问的方式引导学前儿童进行观察。

（三）要给学前儿童提供符合其兴趣、有吸引力的观察对象

要从学前儿童的认知发展水平出发，给学前儿童提供符合自身兴趣和学习需要的观察对象，这样才能引发儿童的好奇心，让儿童带着强烈的探究欲望进行观察。如果提供的观察对象太简单或者太难，学前儿童观察的兴趣就会下降，甚至不愿意观察。如让中班的幼儿观察蚂蚁的标本，就没有带幼儿去观察蚂蚁是如何搬家的更能激发幼儿的兴趣。

（四）鼓励学前儿童独立观察

学前儿童的观察能力易受他人影响，如让他们观察一株花，成人指着花跟儿童说："大家看这株鲜花，它的花朵是红色的，有五个花瓣，黄色的花蕊漂亮极了。它的叶子是桃形的，还是对称分布的。闻一下，嗯，有淡淡的香味。"在这个过程

中，成人把答案告诉了儿童，没有给他们提供独立的观察机会，他们的观察能力不能真正获得发展。

本章小结

注意是一种心理状态，指人的内心活动在一定时间内对一定对象的指向和集中。学前儿童注意发展的特点是：无意注意占优势；有意注意开始发展；注意稳定性差；注意分配能力弱；注意转移能力差。学前儿童注意力的培养方法主要包括：让学前儿童明确活动的目标；根据学前儿童的兴趣需要和经验水平组织活动；注重培养学前儿童注意的方法。感觉是指人脑对直接作用于感觉器官的事物的个别属性的认识。知觉是指人脑对直接作用于感觉器官的事物的整体属性的认识。学前儿童感知觉发展的特点包括：

听觉：学前儿童听觉的发展包括听觉感受性和言语听觉能力的发展。

视觉：学前儿童视觉的发展表现在视敏度和颜色视觉两个方面。

其他感觉：婴儿从出生时起就有嗅觉、味觉、触觉，并随年龄的增长而逐渐发展。

空间知觉：包括形状知觉、方位知觉、距离知觉、深度知觉。

时间知觉：3～6岁的幼儿对时间已经有了一些初步的感知，但往往是和具体的事情联系在一起的。

学前儿童观察力的培养方法主要包括：提出明确的观察目标；教会学前儿童简单的观察方法；要给学前儿童提供符合其兴趣、有吸引力的观察对象；鼓励学前儿童独立观察。

本章主要内容如图所示：

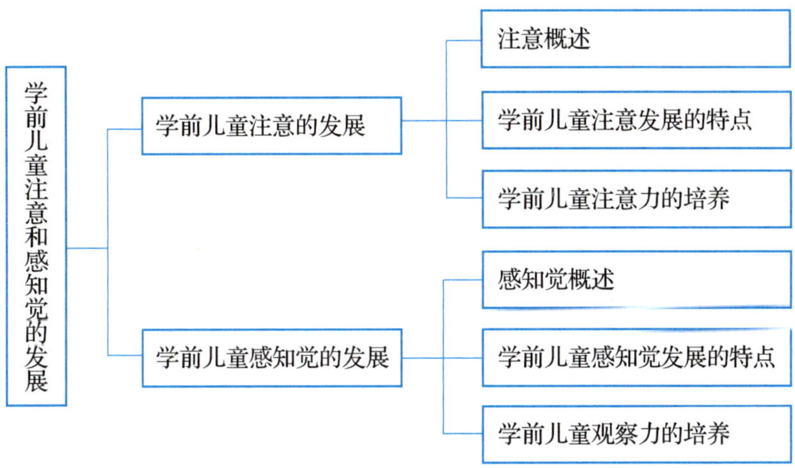

同步练习

一、名词解释

注意　有意注意　无意注意　感觉　知觉

二、简答题

1. 简述注意对学前儿童发展的功能。
2. 影响学前儿童无意注意的因素有哪些?
3. 学前儿童的有意注意有什么特点?原因是什么?
4. 如何培养学前儿童的观察力?

三、案例分析题

马上就要进行集体教学活动了，小朋友们陆续回到座位上坐好，聂老师开始带领大家玩课前小游戏。小豆丁左瞧瞧右看看，虽然手也在比画，但并没有认真听老师说什么。突然，他发现聂老师今天穿的衣服上有他喜欢的恐龙，情不自禁地笑了。又过了一会儿，小豆丁开始抠衣服上的小扣子，抠了几下觉得没意思，便开始撩左边座位上妮妮的小辫子。妮妮躲了躲，小豆丁还是接着撩。妮妮生气地向老师告状，老师把妮妮的椅子往一边挪了挪，批评了小豆丁几句，接着上课了。

请用本章节学过的内容分析如何有效培养小豆丁的注意力。

第四章　学前儿童记忆和想象的发展

学习目标

1. 知道记忆的概念、分类及学前儿童记忆发展的特点。
2. 掌握培养学前儿童记忆力的方法。
3. 了解遗忘的特点和规律。
4. 了解想象的概念和学前儿童想象发展的特点。
5. 掌握培养学前儿童想象力的方法。

学习重难点

1. 重点：学前儿童记忆发展的特点；学前儿童想象发展的特点。
2. 难点：培养学前儿童记忆力的方法；培养学前儿童想象力的方法。

教学建议

1. 要了解学前儿童记忆、想象的心理过程及培养方法。
2. 学过的知识要学会灵活应用，解决教学中出现的问题。

第一节　学前儿童记忆的发展

一、记忆概述

（一）什么是记忆

记忆是人脑对经验的反映，它是一种复杂的心理过程，这个过程包括人脑对所输入信息的编码、储存和提取。我们看过的电影、听过的故事、见过的人，都会或多或少地在头脑中留下一些印象，在以后跟别人聊天或者遇到相似的场景时，会不由自主地想起来，这就是记忆的表现。学前儿童的记忆不是从出生后才开始的，有研究显示，胎儿就对声音有记忆，如他能记住爸爸妈妈的声音，出生后当他哭闹时，听到爸爸妈妈熟悉的声音便会逐渐平静下来。

记忆也是人脑对客观现实的反映，这点同感知觉一样。但是记忆比感知觉更加复杂，包括识记、保持、再认和回忆三个阶段。识记、保持两个阶段是再认和回忆的前提，识记和保持的质量直接影响再认和回忆的效果；再认和回忆是识记、保持这两个阶段的最后结果，也是记忆要达到的目标。

记忆在人的生活中具有重要的意义。经验的获得、技能的提升、能力的获得、行为习惯的培养等都离不开人的记忆，如果没有记忆，学过的东西无法积累在人脑里，人就永远处于一种“新生儿”的状态。另外，记忆也是人其他认知过程发展的基础，如语言、思维、想象等的发展，都需要记忆作为基础。

（二）记忆的分类

1. 无意记忆、有意记忆

根据记忆有没有目的、需不需要意志控制，可以将记忆分为无意记忆和有意记忆。

如果一件事情的记忆没有明确的目的，事先没有计划，过程中也不需要意志努力，这种记忆就称为无意记忆。如看一部好看的电视剧，一些感人至深的情节会深深地印在你的脑海里，无论何时回忆起来，都历历在目，这就是无意记忆。但是有一些事情需要有目的、有计划地按照一定的步骤、方法来记忆，并且在整个过程中需要付出很大的努力，比如我们为了在英语考试中取得好成绩，要努力背诵很多英文单词、句子、语法等，这就是有意记忆。

资料链接

彤彤小班的时候，幼儿园组织了一次去动物园参观的活动，活动内容包括看小动物、给小动物投喂食物、跟喜欢的小动物合影。彤彤从来没有参加过这么好玩儿的活动，她特别开心，早早就备好了喂小动物的青菜叶子，还跟妈妈一起把菜叶清洗干净。现在彤彤上幼儿园大班了，她还清晰地记得那天的事情。

分析：彤彤对参观动物园这件事情的记忆就是无意记忆。在活动前，并没有明确的记忆目的，但是这个活动符合彤彤的兴趣，引起了她积极的情绪情感体验，所以两年后她还清晰地记得这件事情。

2. 感觉记忆、短时记忆、长时记忆

根据记忆保持的时间长短，可以将记忆分为感觉记忆、短时记忆、长时记忆（见表 4－1）。

表 4－1　不同记忆种类的比较

记忆种类	停留时间	记忆容量
感觉记忆	极短，几秒钟	容量大
短时记忆	一分钟以内	7 ± 2 个单位
长时记忆	较长，超过一分钟，甚至能达到永久	容量无限制

感觉记忆也叫瞬时记忆，是指刺激停止后，或者材料消失后，并不是人脑立即就没有印象了，而是会在人脑里停留一个极短的时间，如视觉后像。人脑可以在瞬间储存很多信息，所以说感觉记忆容量大，但保存的时间短，只有几秒钟时间而已。如果对感觉记忆进行加工，使保存时间变长，那就成为短时记忆。短时记忆的容量是 7 ± 2 个单位，一般来说记忆时间不超过一分钟，如我们根据短信提示输入验证码，验证通过后一般就不会再把相关信息保存在头脑里了。长时记忆是指记忆时间超过一分钟的记忆，有的长时记忆是通过短时记忆复述转化而来的，但有些特殊的事情或者重大事件，给人留下特别深刻的印象，可以直接成为长时记忆。长时记忆不但保存的时间长，而且记忆的容量也没有限制。

3. 形象记忆、情绪记忆、逻辑记忆、运动记忆

根据记忆的内容，可以将记忆分为形象记忆、情绪记忆、逻辑记忆、运动记忆。

以感知过的事物形象为内容的记忆叫形象记忆。如看过梵高的绘画作品《向日葵》，在头脑中形成对该作品的记忆，是视觉上的记忆；听过一场音乐会，脑海中回荡着激扬的乐曲，是听觉上的记忆。以体验过的情绪情感为内容的记忆叫情绪记忆。如能经常回忆起一些美好的瞬间，或者能经常回想起毕业时候的依依惜别之情。以逻辑推理为内容的记忆是逻辑记忆。如记住一些公式或定理后，做练习时遇到相关的题目，公式和定理就会出现在我们的脑海里。以做过的某个动作为内容的记忆叫运动记忆，也叫肌肉记忆。如体操运动员、舞蹈家等对动作的记忆。

（三）遗忘

遗忘是指人脑对识记过的材料不能再认或回忆，或者错误地再认和回忆。常见的遗忘分为两种，一种是永久性遗忘，指识记过的材料在头脑中没有保存下来，彻底想不起来了；另一种是暂时性遗忘，如一时想不起来熟人的名字，或者提笔忘字。

资料链接

乐乐是个4岁的小男孩儿，他特别喜欢听恐龙的故事。有一天睡前爸爸给他讲了一个恐龙大探险的故事，第二天一早一到幼儿园他就把这个故事讲给幼儿园老师听了，虽然讲得不是很流畅，但是特别投入，故事内容也是比较完整的，老师听了特别高兴。又过了一天，园长来班里做客，老师想让乐乐把这个故事讲给园长听，却发现乐乐怎么也讲不完整了。

分析：乐乐在刚听完故事的第二天给老师复述的时候，能够比较完整地复述故事的内容。但随着时间的推移，他对故事的记忆越来越不完整，这就是遗忘的表现。

影响遗忘的因素是多样的，首先时间是一个很重要的因素，越是近期发生的事情，记忆越深刻；事情发生的时间越是久远，记忆就越是淡薄，直到最后将其遗忘。另外，遗忘也会受到其他一些因素的干扰，如让学前儿童记忆一串无序的数字，再给他呈现一串有规律的数字，这时候他就只能记住现在有规律的数字，而之前的无序数字就变得印象模糊了。

资料链接

艾宾浩斯遗忘曲线

艾宾浩斯（Hermann Ebbinghaus）是德国著名的心理学家，是世界上第一个对记忆和遗忘规律进行研究的人。他把自己作为被试者，通过大量的记忆相关实验，对人的遗忘规律进行了系统的研究，得出了一个在心理学界具有深远影响的研究结论，即随着时间的推移，记忆的容量会逐渐减少，并且这个过程是不均衡的。

艾宾浩斯根据以上研究结果绘制出一条曲线，来反映记忆保持的量和时间的关系，即艾宾浩斯遗忘曲线。通过这条曲线我们可以清晰地看出，人遗忘的进程速度并不是一样的，整个过程是不均衡的，呈现出“先快后慢”的特点。遗忘速度最快的时间是识记后的24小时之内。24小时后逐渐减慢，后来再到了一定的时间就不再遗忘了。这个规律给我们的教育启示是，如果想要取得良好的记忆效果，在学习过后一定要及时复习，这是非常必要的。

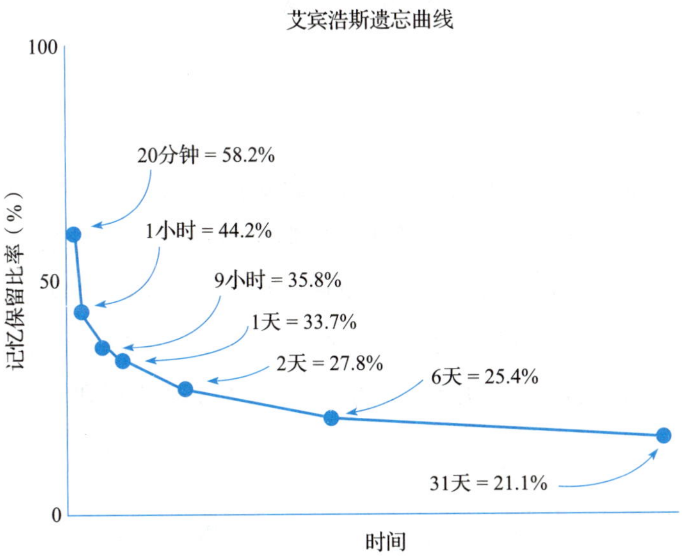

二、学前儿童记忆发展的特点

(一) 无意记忆占优势，有意记忆逐渐发展

教师或家长往往付出很多的时间和精力教学前儿童讲一个故事或唱一首儿

歌，可是有的儿童就是不能完全记住。但是有时候只是无意间听到电视里的一首童谣，或者是光盘里的一个睡前故事，重复两三次，儿童就能跟着复述了。这就是学前儿童无意记忆的表现。3 岁前儿童的记忆主要是无意记忆，这是非常明显的。如婴儿喜欢把可以播放音乐的玩具打开，放在一边，去玩别的玩具。当音乐停止后，他就会重新播放一首音乐，依旧放在一边，玩自己手里的玩具。3～6 岁的幼儿，总体也是呈现出无意记忆占优势的特点。学前儿童更容易记住那些具体的、直观形象的、颜色鲜明的事物，因为这类型的事物更容易引发他们的无意注意。另外，学前儿童对自己比较喜欢或能引起强烈情绪体验的事情记忆也更深刻。如当学前儿童表现有进步，教师说了几句夸奖的话，这些话可能随着时间的推移他们就会逐渐遗忘。但如果教师专门设计了颁发进步奖的活动，他们可能会终生难忘。

学前儿童的有意记忆需要借助于成人的引导，它是一个逐渐发展的过程。大班幼儿的有意记忆有了明显的进步，这与成人提出明确的记忆任务是分不开的，比如幼儿园教师会提醒幼儿："记住，明天会降温，告诉爸爸妈妈要给你们穿厚衣服……"在家里爸爸妈妈会跟幼儿说："记住，这个问题明天去学校问问你们老师怎么解答……"在教学活动前教师会明确要求幼儿："记住，今天的活动内容是……，要完成的任务是……"这些提醒可以有效提高幼儿的有意记忆效果，这对人系统的学习是至关重要的。

（二）记忆的准确性差

学前儿童的记忆往往不够精确，常表现为以下这几种情况：复述一件事情的时候，常常会遗漏掉某些环节；不自觉地把两件事情混淆在一起；容易在复述事情的过程中加入一些自己臆造出来的情节。如有一天某幼儿回家跟妈妈说，老师拿针扎小朋友。第二天家长到幼儿园了解情况，原来前一天手工区活动是用牙签穿橡皮泥做的球，老师提醒小朋友牙签尖尖的，像针一样，别扎到自己和其他小朋友。

资料链接

"说谎"的孩子

建构区活动开始不久，明明和小多就吵起来了，甚至开始有了肢体冲突，老师听到声音赶忙过去拉住两个孩子。一问原因，明明委屈地说，"我爸爸是世界上最有力气的人，昨天他一把就把我抱起来了，小多他骗人！"小多也委屈地说："我没有，我爸爸才是世界上最有力气的人，我爸爸之前都可以把汽车举起来。"

分析：这种现象在幼儿园中特别常见，有时候并不是幼儿故意说谎，而是幼儿记忆存在着准确性差的特点。很多时候，他们容易把现实和想象混淆，甚至有时候会用想象代替现实，正如案例中的幼儿一样。这种现象常被人误解为幼儿在"说谎"，有些成人就开始指责幼儿，其实成人要做的，应该是帮助幼儿分清楚现实和想象，从而帮助幼儿准确地记忆。

三、学前儿童记忆力的培养

（一）给学前儿童提供的教学内容要生动、有趣

学前儿童的记忆主要是无意记忆，那些能在瞬间吸引学前儿童注意力的材料应该成为教师教学时的首选材料，如给孩子讲一个生动的故事，带领孩子边唱边跳学习舞蹈，在教学中加入一些可以鼓励他们动手动脑的材料。另外，教师要在课前充分了解学前儿童的兴趣爱好，想方设法引起他们的兴趣，他们的记忆就会更加深刻。在学习一些比较抽象、难以理解的知识和抽象性的概念的时候，教师可以结合玩教具，通过演示的方式，让抽象的知识变具体，减轻儿童理解的难度。对于 3 ～ 6 岁的幼儿来说，通过实操或者直接感知实物获得的记忆，效果要明显好于只是用语言来表述。

（二）引导学前儿童明确记忆任务，增强记忆的目的性

成人要明确地向学前儿童提出记忆的任务，预先让他们知道自己要记住什么，形成有意记忆。学前儿童有意记忆的形成需要成人的参与，不管是家长还是教师，在学前儿童学习和生活中都要有意识地向他们提出具体的记忆任务。如在安全教育活动中，家长要跟孩子说："牢牢记住爸爸妈妈的电话号码和家庭地址，出现危险的时候可以向别人求助。"大班幼儿在参观小学校园的时候，老师会要求："认真观察小学的哥哥姐姐们上课的坐姿，回来后我们也要像他们一样坐好。"当幼儿完成任务时及时对其进行鼓励，及时强化，这样有利于幼儿更主动地记忆。

（三）注重调动学前儿童的多种感官参与记忆过程

有这样一个实验：老师组织两个班的幼儿学习讲同一个故事，他随机把幼儿分为两个组。一个组的幼儿通过听录音的方式来学故事，可以重复听两次。另一个

组的幼儿通过看动画片的方式来学故事，只播放一遍。随后老师邀请两组的幼儿分别讲述故事，结果发现，看动画片组的幼儿对故事内容的记忆效果明显好于听录音组的幼儿。由此可见，调动幼儿的多种感官参与记忆活动，可以提高幼儿记忆的效果。这个实验给我们的教育启示是：在教学中，要给幼儿创造一个自由、宽松、可探索的环境，充分调动幼儿的多种感官，使记忆的内容更完整、更牢固。如在“认识苹果”活动中，可以让幼儿看一看苹果的外形和颜色，闻一闻苹果的味道，摸一摸苹果的手感，掂一掂苹果的重量，最后再尝一尝苹果的味道，这样关于苹果的记忆就比老师说给幼儿听，或者是单纯地看一张图片效果要好得多。

（四）采取适当的记忆策略帮助学前儿童记忆

学前儿童记忆的效果在一定程度上取决于教师教育方法的运用，如果在教学中采取一些合适的记忆策略，学前儿童记忆的能力就会明显提高。在幼儿教育阶段，教师可以尝试用以下方法帮助幼儿记忆：将记忆材料归类整理成有一定规律的材料体系，方便幼儿记忆；用找相同和找不同的方法进行比较，通过对材料的精加工实现提高记忆效果的目的；采用联想记忆的方法，将要识记的材料跟熟悉的时间、空间等熟悉的内容联系在一起，这样就会触发幼儿的偶发记忆；将要记忆的材料编成儿歌、口诀等，如在学刷牙的时候，老师为了让幼儿准确记住刷牙的方法，会编这样的儿歌：“嘴巴是座小房子，我们都来把墙刷。前面的牙齿上下刷，一二三,一二三，再来一遍一二三。里面的牙齿左右刷，一二三,一二三，再来一遍一二三。推开大门进去刷，一二三,一二三，再来一遍一二三。”

第二节　学前儿童想象的发展

一、想象概述

想象不是与生俱来的，是人脑对感知到的形象进行加工改造，形成新形象的过程。通过这个概念我们能了解到，想象来源于现实，它基于人过去感知过的事物表象，在头脑中进行加工改造，得出新的形象。如每当读到“天苍苍、野茫茫，风吹草低见牛羊”的诗句时，我们头脑中便会出现大草原上牛羊成群，微风吹过，草地犹如掀起一阵阵绿色的涟漪的画面。我们可能并没有去过草原，更没有亲眼见过这样的场景，但是我们见过牛、羊、草地，在头脑中将这些表象进行组合，一副美好的草原牧图就展现在眼前了，这就是想象的过程。

人不仅可以想象过去和现在存在的一些事情，甚至可以想象出一些并不存在的新鲜事物，如《西游记》中唐僧师徒四人的形象就是作者想象出来的。但是不难发现，唐僧师徒的形象也不是凭空产生的，尽管他们的外形稀奇古怪，但是在现实生活中还是能找到其“原型”的，再次证明想象是人脑对已有表象进行加工改造的过程。如果人没有过相关的前期经验，没有感知过相关事物，就不会出现与此相关的想象，如一个盲人，他没有感知过世界是怎样缤纷多彩的，就不会成为画家。《西游记》的作者可谓是想象力无穷，他笔下的神仙法力无边，但是这些神仙是肯定不会用手机打电话，也不会驾驶小汽车的。

想象对学前儿童的学习和游戏有着非常重要的作用。首先，想象是学前儿童认知发展的标志之一，只有具备了丰富的想象力，学前儿童才能领会故事中蕴含的道理。只有具备了丰富的想象力，学前儿童才能在娃娃家游戏中饰演好每个角色。其次，人获得的知识分为直接经验和间接经验，感知觉是直接经验获取的渠道，而间接经验的获得就需要想象发挥作用。如为《龟兔赛跑》续编故事，就需要学前儿童发挥想象，只有充分想象乌龟和兔子的形象，才能创编出与众不同的龟兔赛跑的故事结局。最后，想象是思维发展的重要表现，创造性思维的发展就是以学前儿童想象力的发展为重要标志的。

二、学前儿童想象发展的特点

（一）无意想象为主，有意想象开始发展

根据想象有无目的性，可以把想象分成无意想象、有意想象两种。无意想象是指没有既定的目标，在一定的刺激下不由自主地想象出某种东西的过程。比如，看到天空中漂浮的朵朵白云，随即把它想象成动物园里的各种动物；在听老师讲故事的时候，脑海中不由自主地浮现出故事所描绘的情景。

学前儿童的想象以无意想象为主，具体来说有以下几个表现：首先，想象的主题不稳定，只要外界的刺激发生变化，学前儿童就有可能随时改变想象的主题。其次，学前儿童的想象注重过程的满足，想象过程零散，这个特点在小班幼儿的身上最突出。如小班幼儿在讲故事的时候，常常拿起笔来就开始随意地涂涂画画，直到画满整张纸。画的内容没有规律，呈现出一种凌乱的状态，也看不出画面每个部分之间存在什么联系，可能先画了一个苹果，又画了一个小汽车，接着画一朵云彩，最后整体来看也找不出画的主题，但是幼儿自己却画得津津有味。

资料链接

彤彤正在建构区搭积木，老师问彤彤："你想搭什么呀?"彤彤说不上来，只是拿着一块积木摞在另一块上面，接着又摞上去一块。突然她看到娃娃家有一只小狗玩偶，彤彤说："我这是给小狗搭一个狗窝。"这时边上的小朋友说："我觉得你搭的像大高楼。"彤彤马上就说："我搭的是又大又高的楼房。"

分析：彤彤在搭积木之前没有想好自己要搭建什么主题的作品，在搭建的过程中由于受到小狗玩偶和别的小朋友的影响，瞬间就转移了主题，体现了学前儿童想象不稳定的特点。

有意想象是指有目的、主动地想象的过程。虽然说0～6岁学前儿童的想象以无意想象为主，但是有意想象也开始发展了，具体表现为在活动开始前有预定的计划和目标，在活动过程中能够围绕主题进行想象，他们心中也知道想象的具体要求。如在画一张科幻画前进行构思，玩娃娃家之前小伙伴一起商量活动主题等。值得一提的是，学前儿童的有意想象是在无意想象的基础上形成、发展起来的，虽然过程中可能会遇到困难，甚至偏离主题，但他们能够尽力去克服。

资料链接

4岁的月月在画画，她拿起笔和纸说："我要画一座小房子。"于是就在纸上开始画。"这是房子的墙，这是房子的顶……"她边画边自言自语地说。接着她说"我还要画窗户"，就在画好的房子上面画了两个圆。"呀，画错了，画成小猫眼睛了，那我就画小猫吧。"然后她拿起笔在两个圆下面各画了两笔。"这是猫胡子，还缺一个猫尾巴。"于是她又画了一条朝下的竖线。突然，她想起来自己要画房子，说："不对，这不是猫尾巴，是房子前面的一条路。"

分析：月月画画的过程中基本还是以无意想象为主，但是月月能够先想后画，说明她已经开始作计划，有相对明确的任务目标了。在画的过程中虽然有时偏离了画房子的主题，但是最后还能自己回到主题上来，可见月月的有意想象在逐渐形成和发展。

(二) 再造想象为主，创造想象开始发展

按照想象的创新程度和独特性，想象可分为再造想象和创造想象。

学前儿童阶段的想象是以再造想象为主的。再造想象指对事物的想象是借助于语言、文字、符号等信息的描述，在头脑中产生关于这个事物的新形象。如演员看剧本时、工人看建筑图纸时、幼儿听故事时在头脑中想象场景等都是再造想象。再如我们读到《红楼梦》中“一双丹凤眼，两弯柳叶吊眉梢，身量苗条，体格风骚，粉面含春威不露，丹唇未启笑先闻”时，头脑中就会出现王熙凤与众不同的出场图，这也是再造想象。可以看出，再造想象需要一定的凭借物（语言、文字、信息等），因此它的创新成分比较小，独立性比较差。需要注意的是，再造想象不是把别人的想象简单再现，而是要经过自己的加工改造，形成属于自己的新形象，所以每个人的知识经验、兴趣爱好、个体差异等因素都会使再造想象具有独特的个人特点。

随着学前儿童年龄的增长，他们积累了更丰富的知识，抽象概括能力也得到提升，学前儿童的想象活动逐渐出现了一些创造性的成分，不再仅仅局限于别人的描述，而是开始有了自己的创新，这标志着创造想象开始发展。创造想象是指人独立创造出新形象的过程，它不依据任何现成描述，而是根据想象的目的和任务独立创造出来的，所以具有新颖性、独创性和奇特性的特点。创造想象对于个人和社会的发展都是至关重要的，从个人角度来说，新知识、新技能的获得离不开创造想象；从社会发展的角度来说，新产品、新技术的出现离不开创造想象，科技进步、艺术构思、文学作品也都是以创造想象为基础的。

资料链接

“月光下的幼儿园”

5岁的格格在画画，她先是画了一个半圆形，接着画了一个小方块，又画了一个长方形，然后在长方形和小方块中间画了一条长线。妈妈在一旁不解地问：“格格，你画的是什么呀？”“妈妈，您看不出来吗？这是我的幼儿园啊。”

她指着小方块说：“这是滑梯。”又指着长方形说：“这是我们的教室。”

“那这条长长的线是什么呢？”妈妈问。

“这是路啊。”

妈妈又指着外面的大半圆问：“这是什么呀？”

“这是月光啊！我画的是晚上的幼儿园！”

再造想象和创造想象虽然在创新程度上不同，但二者有紧密的关系。再造想象中含有一定的创造性成分，创造想象中也有再造想象的因素。如一名学前儿童说："我周末去游乐园玩儿了。"旁边的儿童听到了说："我周末也去游乐园玩儿了，我们玩了好多游戏，有过山车、打海盗、小飞船。"实际上他并没去玩儿，这是他的想象，既有再造想象的成分，也有创造想象的成分。创造想象以再造想象为基础，再造想象通过自行创造也可能发展为创造想象。如老师要求学生写作文，题目是"未来的一天"。老师先给了两篇范文，在老师读的过程中，学生脑海中出现了作者描述的场景，这是再造想象。然后学生根据自己的想象进行创作，写出自己与众不同的作文，这个过程就是创造想象。

（三）易将想象与现实混淆

首先，学前儿童的想象有夸张性，很多时候存在脱离现实的情况。如童话故事里有住在核桃里的小姑娘，孙悟空的一个筋斗云可以翻十万八千里等。在绘画中，学前儿童也会夸大事物的某个部分或某个特征，如画妈妈的头发，会画得特别长，甚至都拖到地板上了。其次，学前儿童易将想象与现实混淆。他们常常把渴望得到的东西说成已经得到的东西，或者把希望发生的事情当作已经发生的事情来描述，尤其是在小班阶段，这个现象尤为明显。

资料链接

5 岁的妞妞在画画，她把西瓜画得比人还大，把爸爸的手画得比胳膊都要长好多，这体现了学前儿童在画画过程中想象的（　　）特点。

A. 夸张性　B. 反映现实性　C. 绘画技能技巧成熟　D. 表象特征的形成

答案： A

分析： 学前儿童在画画的过程中，为了突出事物的某个特点，常常在画中夸张地表达，这是学前儿童想象发展的特点之一。

（四）幻想

幻想是指对未来事物的想象，它通常与学前儿童个人实际愿望相联系。如有的学前儿童说"我长大后要成为一名伟大的公交车司机"，这就是对他未来职业的想象。在幻想中学前儿童也可以实现创造出新形象的目的，它是创造想象的一种特殊的表现形式，但是幻想体现的是个人所向往的、追求的愿望，不直接指向创造活动。

根据对人的行为的影响及对社会的价值，可以把幻想分为积极幻想和消极幻想。符合人的发展要求和社会发展要求，在社会生活中又能够实现的幻想，称为积极幻想，也叫理想。如儿童想在长大后当一名救死扶伤的医生，或者当一名教书育人的中学老师，这个愿望经过个人的努力能够实现，并且对个人和社会都是有价值的。反之，不符合人的发展要求和社会发展要求，毫无实现可能的幻想，称为消极幻想，也叫空想。如追求长生不老，守株待兔妄想不劳而获。

在学前教育阶段，我们鼓励学前儿童树立正确的理想，并激发其实现理想的信念和斗志。对于有消极幻想的儿童，我们要积极引导，鼓励他们多实践、多尝试，早日消除不切实际的幻想。

三、学前儿童想象力的培养

（一）丰富学前儿童知识经验，提高想象水平

学前儿童的想象不是凭空而来的，需要以头脑中储存的事物的表象为基础，并对其进行加工、改造，形成新的形象。学前儿童的知识经验越丰富，想象就越新颖、越深刻、越合乎常理。如老师布置了一个画秋天的任务，一名幼儿画了几个小孩子在捡落叶，并且叶子不仅是黄色的，还有红色的和褐色的，看来这个幼儿一定认真观察过秋天落叶的颜色。另一个幼儿画了很多麦穗，原来这个幼儿老家种植麦子，他见过秋天麦穗的样子。由此看出，丰富的知识经验是学前儿童想象力发挥的基础，我们要经常带领学前儿童通过参观、实践、游览、体验等途径拓宽视野，积累感性知识经验。

（二）在游戏中鼓励学前儿童大胆想象

游戏是学前儿童最主要的活动形式，而想象在游戏中是不可缺少的。在游戏活动中，儿童要假装扮演各种角色，以玩具和各种游戏材料替代生活中真实的物品；要靠想象来构思游戏中发生的故事情节，设想游戏的情境；有时候甚至要自己创造游戏的规则，发明游戏的玩法。整个游戏过程都离不开“假装”，所以说学前儿童的想象力和创造力是游戏顺利进行的保障。此外，教师要给学前儿童提供半结构化的游戏材料，引导他们进行创新，实现一物多玩。当找不到合适的游戏材料时，可以鼓励学前儿童和教师一起利用废旧物品进行玩教具的制作，这些都需要学前儿童开动脑筋，大胆想象。

资料链接

我能做你家的宠物吗？

文文想去娃娃家活动区玩，但是因为来园比较晚，娃娃家的角色都被选完

了，只能第二天再来了。可是第二天当文文来到幼儿园时，娃娃家的四个角色又都被选完了，他看着又没机会玩，难过得快哭了。

刘老师注意到了文文的情绪，走过来轻轻地跟文文说："你可以尝试着跟小朋友商量一下，看看有没有谁愿意跟你交换活动区。"文文赶紧走到娃娃家，问道："我能跟你们换活动区吗？""不换！""我们不换！"小朋友都头摇得像拨浪鼓。"可是我也想玩。"文文轻声说。"我们人够了。"一个幼儿说。这下文文难过得又要哭了。

刘老师轻轻地拉着文文的手说："我有一个主意。"她让文文想一下自己家都有谁，文文默默地数着："爸爸、妈妈、姐姐、我，还有我家的宠物狗多米……"

"那你仔细观察一下，现在娃娃家里缺谁？"刘老师说。

文文眼睛一亮，马上跑到娃娃家，跟正在游戏的四个小朋友说："我可以做你家的宠物吗？"其他四个小朋友一想，确实缺少一个宠物的角色，所以他们很开心地邀请文文加入到娃娃家的活动中了，而且还对他悉心照顾，犹如在家对待心爱的宠物一般。

（三）创设活动条件，促进学前儿童想象发展

教师要积极组织开展各种创造性的活动，如在幼儿园语言活动中开展故事续编、诗歌仿写等，给幼儿充分发挥想象的空间，发展幼儿的创造想象的同时，让幼儿体会到创造的快乐。注重提问环境对幼儿的引导，教师可以创设一些开放性的问题，鼓励幼儿通过讨论自主寻找问题答案，训练幼儿的发散性思维。给幼儿创设一个自由宽松的环境，鼓励幼儿大胆表达自己的看法，发展幼儿的语言表现力，从而帮助幼儿更完整地表达自己的想象。幼儿通过语言能够获得间接知识，也可以丰富想象的内容。我们在鼓励学前儿童发挥想象的同时，也要使他们的想象符合客观事实，当学前儿童过分夸大事实或者将想象与现实混淆时，不要打击他们想象的积极性，适时、正确地加以引导即可。

资料链接

玻璃的"水痘"

春雨绵绵不停地下着，细密的雨滴不断地落在窗玻璃上，凝成了晶莹的水珠。一位小朋友跑到教师面前，着急地说："老师，老师，您快看，玻璃出

‘水痘’了。”老师A哈哈大笑，说：“你瞎说啥呢，玻璃怎么会出‘水痘’？那是雨水！”教师B摸摸幼儿的脑袋，说：“是吗？你很棒，很善于观察呀。”教师C说：“你的想象力真丰富啊！玻璃上的‘水痘’究竟是怎么回事？谁愿意来说一说？”

以上三位教师的应答，谁更能促进幼儿想象的发展呢？

分析：教师A的回答很明显是不恰当的，他不但否定了幼儿的发现，抹杀了幼儿想象的积极性，也忽略了幼儿的好奇心和求知欲。教师B的回答是需要进一步完善的，他能尊重幼儿的发现，但是没有抓住生活中随机教育的机会，也就不能做到在日常生活中创设条件，促进幼儿想象的发展。教师C的回答是值得我们学习的，他不但肯定了幼儿的想象，还及时抓住了教育的机会，将探究问题答案的机会给了幼儿，能够培养幼儿学习的积极性和主动性。

本章小结

记忆是人脑对经验的反映，也是人脑对客观现实的反映。记忆的分类如下表所示：

分类的标准	分类
根据记忆有无目的性	无意记忆、有意记忆
根据记忆保持的时间长短	感觉记忆、短时记忆、长时记忆
根据记忆的内容	形象记忆、情绪记忆、逻辑记忆、运动记忆

遗忘是指人脑对识记过的材料不能再认或回忆，或者错误地再认和回忆。学前儿童记忆发展的特点为：无意记忆占优势，有意记忆逐渐发展；记忆的准确性差。学前儿童记忆力的培养方法主要为：给学前儿童提供的教学内容要生动、有趣；引导学前儿童明确记忆任务，增强记忆的目的性；注重调动学前儿童的多种感官参与记忆过程；采取适当的记忆策略帮助学前儿童记忆。

想象是人脑对感知到的形象进行加工改造，形成新形象的过程。想象对学前儿童的学习和游戏有着非常重要的作用。学前儿童想象发展的特点为：无意想象为主，有意想象开始发展；再造想象为主，创造想象开始发展；易将想象与现实混淆；幻想。学前儿童想象力的培养方法为：丰富学前儿童知识经验，提高想象水平；在游戏中鼓励学前儿童大胆想象；创设活动条件，促进学前儿童想象发展。

本章主要内容如图所示：

- 学前儿童记忆和想象的发展
  - 学前儿童记忆的发展
    - 记忆概述
    - 学前儿童记忆发展的特点
    - 学前儿童记忆力的培养
  - 学前儿童想象的发展
    - 想象概述
    - 学前儿童想象发展的特点
    - 学前儿童想象力的培养

同步练习

一、名词解释

记忆　无意记忆　有意记忆　遗忘　想象　无意想象　有意想象　再造想象　创造想象

二、简答题

1. 如何对记忆进行分类？
2. 请结合幼儿园教学实际谈谈如何培养学前儿童的记忆力。
3. 学前儿童的想象发展有什么特点？
4. 请结合幼儿园教学实际谈谈如何培养学前儿童的想象力。

三、案例分析题

由于高温影响，幼儿园计划好的户外活动取消了，改为室内美术活动。丹丹拿起一支笔，画了一个圆圆的大太阳。老师看到后说："是不是涂上颜色就更好看了呢？"她拿起一只蓝色的蜡笔，一会儿就把太阳涂好了。老师奇怪地问丹丹："你为什么把太阳涂成蓝色的？"她认真地回答说："你看，今天多热啊，涂上蓝色，不就凉快了吗？"老师高兴地把她抱起来，说："好孩子，你太懂事了！"

你如何评价该教师的做法？为什么？

第五章　学前儿童思维和言语的发展

学习目标

1. 理解思维、言语的概念和种类。

2. 理解和掌握学前儿童思维和言语发展的特点和规律。

3. 学会促进学前儿童思维和言语能力发展的策略。

学习重难点

1. 重点：学前儿童思维和言语发展的特点和规律。

2. 难点：学期儿童思维形式的发展和言语发展的特点。

教学建议

基本概念要讲解清晰，要结合案例，加深学生对基本理论的理解。

第一节　学前儿童思维的发展

一、思维的概念和种类

（一）思维的概念

思维是指人脑借助语言、表象或动作实现的对客观事物概括的、间接的反映，是认识的高级阶段，它反映了事物的内部本质联系和规律性。

间接性和概括性是思维的两个特征。思维的间接性是指它通过其他媒介来认识客观事物，或借助于已有的知识和经验，从已知推测未知。如考古学家通过遗迹、文物来推知历史上发生过的事情；科学家根据观测到的现象来推想各种物质变化、运动的过程；气象工作者根据测得的数据来推测天气的变化等。思维的概括性有两层含义：一是指对同一类事物共同本质特征的反映，如笔是指书写工具；二是指对事物与事物之间规律性的联系的反映，如“燕子低飞要下雨”等。

（二）思维的种类

1. 根据思维的方式分类

根据思维的方式，可将思维分为直观动作思维、具体形象思维和抽象逻辑思维。

直观动作思维是一种以实际动作为支柱的思维，其特点是以实际操作解决直观的、具体的问题。3 岁以前的婴儿往往是以直观动作思维为主，例如，他们在摆弄积木时会思考如何排列，活动一旦停止，思维活动也就停止了。成人也有直观动作思维，但成人的直观动作思维往往是在言语的指导和经验的参与下进行的，这与尚未完全掌握语言的婴儿的直观动作思维相比有着本质的区别。

具体形象思维是一种利用头脑中事物的具体形象来解决问题的思维，在幼儿期儿童身上表现得非常突出。例如，如果问幼儿 3 加 4 等于几，他往往不能回答，但是如果问他 3 个糖果加 4 个糖果等于几个糖果，他却能算出答案，这就是借助头脑里有关糖果的形象来计算的。

抽象逻辑思维是一种以概念、判断和推理的形式进行的思维，是人类思维的核心形态。学生学习科学概念、掌握基本原理，科学家探索、研究和发现客观规律，以及日常生活中人们分析问题、解决问题等，都离不开抽象逻辑思维。小学低年级的学生抽象逻辑思维发展水平较低，高年级才得到迅速发展，直到初中阶段抽象逻辑思维开始占主导地位。

资料链接

小名是个3岁3个月的孩子，十分活泼可爱，父母很喜欢他，可令父母不理解的是：小名无论做什么事情之前都不爱多思考。比如，玩插塑时，让他想好了再去插，可他却拿起插塑就开始随便插，插出什么样，就说插的是什么。在绘画或要解决别的问题时也是这样。小名的父母认为这样不好，便总是要求孩子想好了再去行动，可小名却常常做不到，他们时常为此而烦恼。试问小名父母的态度和行为正确吗？请从学前儿童思维发展的角度分析小名的这一类行为，并为小名的父母提出科学的教育建议。

2. 根据思维的方向分类

根据思维的方向，可将思维分为聚合思维和发散思维。

聚合思维，又称集中思维，是指人们根据已知的信息，利用熟悉的规则解决问题的思维。例如，学前儿童从众多的已知条件出发得出一个结论的思维过程，从多种解题方法中找出最佳方案等。

发散思维是指从不同角度和不同方向去思考，寻求多种答案的思维。例如，"一题多解""一字组多词"等。发散思维具有变通性、流畅性和独特性。

3. 根据思维的创造性程度分类

根据思维的创造性程度，可将思维分为常规性思维和创造性思维。

常规性思维也称为再造性思维，是指用习惯性的、常规的方法和固定的模式去解决问题的思维方式。例如学生用已经掌握的公式解决同类问题等。

创造性思维是指用新颖的、独创的方法解决问题，并能产生新的、有价值的成果的思维。例如，新产品的发明、新技术的开发、新的解题方法等都是创造性思维的结果。创造性思维是思维发展的高级阶段，它的核心是发散思维。

4. 根据思维的过程分类

根据思维的过程，可将思维分为分析思维和直觉思维。

分析思维又称逻辑思维，是指从已知条件出发，经过严密的逻辑推导，得出正确答案或合理结论的思维。例如，学生解决数学问题时，从已知条件出发逐步推导直至得出正确答案；警察通过已有线索推导出犯罪嫌疑人等。

直觉思维又称非逻辑思维，是指不经过严密的逻辑程序从现象直接领悟到原因的思维活动，它表现在对事物及其关系的敏锐、迅速的识别和整体的把握上。例如，魏格纳提出“大陆漂移学说”的设想、牛顿“地球引力”的假说等都是从直觉思维开始的。

二、学前儿童思维的发生和发展

（一）学前儿童思维发生的时间与标志

学前儿童的思维发生在感知、记忆等过程之后，与言语真正发生的时间相同，即 2 岁左右。2 岁以前，是思维发生的准备时期。出现最初的语词的概括，是学前儿童思维发生的标志。

学前儿童思维概括的发生发展会经历三个阶段：

第一阶段：直观的概括。学前儿童最初是对物体最鲜明、最突出的外部特征（如颜色、形状等）进行概括。例如，学前儿童能够从整套玩具中找出颜色相同的物体。

第二阶段：动作的概括。学前儿童学会了操纵物体进行各种活动，逐渐掌握各种物体的用途。例如，学前儿童看到球就去拍，看到小车就去推等。

第三阶段：语词的概括。语词的概括出现在 2 岁左右。学前儿童开始能够按照物体的某些比较稳定的主要特征进行概括，舍弃那些次要特征。例如，用“球”“车”“灯”等词语来表达一类事物。

（二）学前儿童思维发展的一般特点

受生理成熟和大脑发育水平的影响，学前儿童思维发展表现出以下特点。

1. 婴儿期和幼儿初期以直觉行动思维为主

直觉行动思维是最低水平的思维，这种思维方式在 2 ～ 3 岁儿童身上表现最为突出，在 3 ～ 4 岁儿童身上也常有表现。心理学家皮亚杰认为，儿童的思维是从动作开始的，切断了动作和思维之间的联系，思维就得不到发展。直觉行动思维是在儿童的感知觉和有意动作，特别是一些概括化的动作的基础上产生的。例如，儿童要拿放在桌面中间的玩具，几次伸手尝试都够不到，偶尔带动了桌布，玩具靠近了一些，这时，儿童就开始有意识地通过拉动桌布拿到玩具，下次遇到类似情境，他也能够通过拉动床单或纸张拿到上面的物体。如果离开了动作和感知，儿童的思维活动就会停止或转移。例如，儿童正在玩布娃娃，这时老师给他一个皮球，他就会丢下布娃娃去玩皮球。而且这个时期儿童的行动缺乏计划性，无法预见行为的结果。

2. 幼儿期以具体形象思维为主

具体形象思维是幼儿期典型的思维方式，是在直觉行动思维之中孕育出来并逐渐分化的。

具体形象思维的主要特征包括以下两个方面：

（1）具体形象性。

幼儿的思维内容是具体的。他们能够掌握代表实际东西的概念，不易掌握抽象概念。例如，“文具”这个词比“铅笔”“橡皮”等抽象，幼儿较难掌握。此外，幼儿的具体形象思维还有一系列特点：

1）表面性。幼儿不能理解复杂的句子，只能理解词的表面意思，不能理解词的转义，不能理解带感情色彩的词，不能分辨褒义词和贬义词。例如，小明一直在看电视，妈妈喊他吃饭好几次他都不动，妈妈生气地说：“那你就一直看电视，不要吃饭了。”他就真的认为不用吃饭了。

2）固定性。幼儿思维的固定性使他们缺乏灵活性，有时表现出比较固执的行为。例如，两个小朋友抢一个玩具，成人拿出一个同样的玩具，让他们各玩一个，他们却还是都想要原来的那一个。

（2）自我中心性。

所谓的自我中心指学前儿童在感知事物时，往往从自身角度出发来认识事物，而不太能从客观事物本身的内在规律以及他人的角度看待事物。

皮亚杰设计的“三座山实验”是自我中心性的一个最典型的例证：桌子上摆着三座山的模型，先请儿童从不同的角度观看模型，然后请他坐在模型的一边，桌子的其他三边分别坐着不同的布娃娃，然后给儿童一些照片（从不同角度拍摄的三座山的照片），让其选出坐在其他位置的娃娃所看到的模型的照片。结果发现，大部分幼儿挑出的都是从自己的角度所看到的模型的照片。他们认为自己看到的就是别人看到的。

自我中心的特点还伴随着其他一些表现：

1）不可逆性。即单向性，是指不能转换思维的角度，不能回想起事物变化前的样子。由于缺乏逆向思维的能力，儿童很难获得物质守恒的概念，不懂得一定量的物体形状改变后是可以变回原状的，形状的改变并不影响其量的稳定性。例如，在皮亚杰的实验中，当着儿童的面把一杯牛奶倒在一个较粗的玻璃杯里，儿童往往认为牛奶变少了。

2）泛灵论。自我中心的特点常常使儿童从自己的角度理解外界事物，认为万事万物都和自己一样有思想、有情感、充满灵性。因此，他们常常把动物和玩具当人来对待，跟它们说话，把它们当作好朋友。例如，动画片里大耳朵图图经常和他的猫说话。

3）经验性。学前儿童常常用自己的生活经验来思考问题并指导行动。例如，看到奶奶把花生埋在土里可以长出许多花生，幼儿就会把糖果也埋在土里，认为能长出许多糖果。

3. 抽象逻辑思维开始萌芽

抽象逻辑思维是人类特有的思维方式。严格来说，在整个学前期都没有抽象逻辑思维，只是到了幼儿晚期时，会出现抽象逻辑思维的萌芽。具体表现为孩子喜欢问为什么，这说明他在思考事物内部的原因，以及事物间的因果关系。但由于学前儿童形成的概念都与具体经验有关，所以还不能进行真正的抽象逻辑思维。

随着抽象逻辑思维的萌芽，儿童自我中心的特点逐渐开始消除，即开始“去自我中心化”。儿童开始学会从多个方面考虑问题，能够认识到不同的人对同一事物往往持有不同的看法和态度，因此皮亚杰认为儿童的思维由低级水平向高级水平发展的过程就是一个去自我中心的过程。

三、学前儿童思维形式的发展

（一）学前儿童概念和分类的发展

概念是思维的基本形式，是人脑对客观事物的本质属性的反映。所谓事物的本质属性，就是为同一类事物所共有，并使该类事物区别于他类事物的固有属性。例如“玩具”这个概念，它反映了皮球、娃娃、积木、小汽车等许多儿童游戏用的物体所共有的本质属性，而不涉及它们彼此不同的具体特征（如皮球是圆的，娃娃是女孩，积木是木质的，小汽车会跑，等等）。

1. 学前儿童获得概念的方式

概念的获得实质上是指理解和掌握一类事物共同的本质属性的过程。学前儿童获得概念的方式一般有两种：一是通过具体的直接经验获得概念。学前儿童在日常生活中经常接触各种事物，其中有些就被成人作为概念加以介绍，同时用特定的词语来称呼。例如，每次看到动物“猫”，成人就告诉儿童“这是猫”，多次以后儿童就获得了关于“猫”的概念。学前儿童的概念绝大多数都是通过这种方式获得的。二是通过语言理解获得概念。即在成人言语的表达中获得关于抽象词语的理解。例如，在儿童的教育过程中，父母经常说，男孩子要勇敢。儿童问“什么是勇敢?”，成人告诉他：“勇敢就是不怕黑、不怕虫子，勇敢就是打针时不哭……”通过这种方式获得的概念属于前科学概念，有时不能反映出事物的本质特征。

2. 学前儿童掌握概念的一般特点

学前儿童对概念的掌握受其思维发展水平的制约，特别是与其思维的概括水平有关。一般认为儿童概括能力的发展可以分为以下三种水平：动作水平、形象水平和抽象水平。学前儿童的概括能力主要属于形象水平，后期开始向抽象水平发展，所以学前儿童掌握概念的基本特点为：

（1）以掌握具体实物概念为主，向掌握抽象概念发展。

学前儿童掌握的概念大都是实物概念，以低层次概念和具体特征为主。例如，小班幼儿指着地上的玩具说：“这是猫。”中班幼儿看到猫就发出“喵喵”的声音。大班幼儿看到猫就说：“猫捉老鼠。”

（2）对抽象概念的掌握离不开具体形象和活动的支持。

学前儿童从大班开始能够掌握一些生活中常见的抽象概念，但对这类概念的掌握要以具体形象和活动来支持。例如，儿童对“友谊”的理解是“好朋友之间互相分享美食”，对“善良”的理解是“关心别人”。

（3）最先掌握基本概念，在此基础上逐渐掌握其上位概念或下位概念。

根据抽象水平，可将学前儿童获得的概念分为上位概念、基本概念、下位概念三个层次。学前儿童最先掌握的是基本概念，由此出发，然后掌握其上、下位概念。例如，“鸟”是基本概念，“动物”是上位概念，“麻雀”“燕子”是下位概念。学前儿童先掌握的是基本概念“鸟”，然后才是更抽象或更具体的上、下位概念。

（4）掌握概念的名称容易，掌握概念的内涵困难。

学前儿童有时会说一些词，但他们并没有理解其真正的含义。

3. 学前儿童数概念的形成和发展

数概念是学前儿童学习数学知识的基础，他们通过操作具体物体开始积累数学的感性经验。掌握数概念首先要学会数数，然后理解数的含义，知道数的顺序和大小，掌握数的读写法，理解数的组成和数的守恒。学前儿童因为年龄小，身心都在发育中，所以在形成数概念时要经历一个较长的过程。

（1）学前儿童数概念的形成。

学前儿童数概念的形成一般经历四个阶段：口头数数—给物说数—按数取物—掌握数概念。

1）口头数数：3～4岁的幼儿一般能从1数到10，但多数幼儿尚不理解数的实际意义，往往是无意义地背诵这些数字，带有顺口溜的性质，一旦打断他的背诵，往往还要从头开始，并没有形成数字与实物间的一一对应的联系。

2）给物说数：用手逐一指点物体，同时有顺序地说出数词，使说出的数词与手指点的物体一一对应。开始阶段幼儿有时会手口不一，出现重复、漏数等现象。

3）按数取物：指按一定的数目拿出或找出同样多的物体，这是对数概念的实际运用。按数取物首先要求儿童能理解并记住所要求取物的数目，然后按数目取出相应的物体。

4）掌握数概念：在这个阶段，儿童逐渐能够学会用实物进行 10 以内的加减运算，这是儿童掌握数概念的关键。

（2）学前儿童数概念的发展。

学前儿童数概念的发展是一个从具体到抽象的过程，大约会经历三个阶段：

1）对数量的动作感知阶段（3 岁左右）。对物体大小、多少有笼统的感知；逐步学会手口协调的小范围点数（5 以内）；能伸出手指数数或点着物体数数。

2）数词和物体数量建立联系的阶段（4 ～ 5 岁）。点数后能说出物体的总数，末期产生数的守恒意识；能分辨大小、多少，并能认识第几、前后顺序；能按数取物；开始能做简单的实物运算等。

3）数的运算的初期阶段（5 ～ 7 岁）。对 10 以内的数具备守恒意识；从表象运算向抽象运算过渡；序数概念、基数概念和运算能力的各方面都有不同程度的增强。

4. 学前儿童分类能力的发展

分类是指按照某种标准把事物或现象归入适当的类别中的思维活动。分类就是把具有相同特征的事物归在一起，分类能力的发展是逻辑思维能力发展的一个重要标志。在 20 世纪五六十年代，英海尔德和皮亚杰研究了儿童的分类问题，发现儿童分类能力的发展可以分为三个阶段。2 岁到 5 岁半的儿童处于第一阶段，在这一阶段，儿童的分类标准不固定，经常变化，分组时容易受刺激物摆放位置的影响；儿童分组时很少考虑到刺激物之间的相似性，反而更多地利用刺激物之间描述性的关系。5 岁半到 7 岁的儿童处于第二阶段，这时儿童按照刺激物之间的相似性进行分类，在这一阶段，儿童逐步具备了按照一个固定标准分类的能力。7 岁到 12 岁的儿童处于分类能力发展的第三个阶段，在这一阶段，儿童的分类标准是固定的，有了“持久等价”思想。感知集合的数目不再取决于集合的空间及摆放位置。早期有学者认为分类能力的出现是学龄儿童的认知成就之一，只有到了小学阶段，儿童才能按照稳定的标准分类[①]。

（1）学前儿童分类能力发展的特点。

儿童分类能力与思维发展水平有密切关系，表现出明显的年龄特征，一般认为有以下几个特点：1）4岁以下儿童基本上不能分类。他们总是把物品杂乱无章地放在一起或分开放在不同的盒子里。2）5～6岁的儿童分类能力开始初步发展，此时儿童的思维基本处于形象思维阶段，所以他们主要依据物体的表面特点和具体形象分类。3）6岁以后的儿童开始能够依据物体的功能及其内部联系进行分类，分类和概括水平有一定的提高。

（2）学前儿童分类能力的发展阶段。

方富熹等（1986）通过对学前儿童分类能力的实验研究发现，儿童解决类包含问题要经历三个认知发展阶段：

1）子类跟子类比（部分与部分比），大多数4岁幼儿处于这一阶段。例如，盆里有3个红苹果，其中两个带绿叶。问："红苹果多还是带绿叶的苹果多？"幼儿答："带绿叶的苹果多。"问："为什么？"答："两个带绿叶，一个没带绿叶。"问："你数一下有几个红苹果，几个带绿叶的苹果。"答："3个红苹果，2个带绿叶的苹果。"问："真的吗？你再仔细数数，我问的是有几个红苹果，几个带绿叶的苹果。"答："3个红苹果，2个带绿叶的苹果。"问："那么红苹果多还是带绿叶的苹果多？"答："带绿叶的苹果多。"被试不理会向他提出的整体和部分相比较的要求，甚至不顾主试的启发，坚持对子类间的同一个别特点进行比较。

2）直观上能将类跟子类相比较，开始将一般从个别中抽象出来，大多数5、6岁的幼儿处于这一阶段。例如，在上例中，他们能够意识到红苹果的个数比带绿叶的苹果多。

3）能在抽象的水平上将类和子类相比较，在更高的水平上理解个别与一般的关系，这个阶段一般在儿童入学后才能达到。

（二）学前儿童判断的发展

判断是概念和概念之间的联系在人脑中的反映，是用概念去确定事物某种属性的思维形式，如"小明比小王个子高""我没有你学习好"等，通常以肯定和否定的形式表现出来。

在学前期，儿童的判断能力已有初步的发展，表现出以下特点。

1. 判断形式从直接判断向间接判断发展

判断可以分为两大类：以感知为主的直接判断和以思维为主的间接判断。直接

① 黄润琼．儿童比较、分类能力发展研究综述．新课程（小学），2014（10）．

判断以感知到的事物的外部特征为依据。间接判断以通过复杂的思维加工获得的内部规律为依据。学前儿童的判断形式以直接判断为主，间接判断开始萌芽。例如，3 岁左右的孩子认为“汽车比飞机跑得快”，这就是一种感知形式的判断。5、6 岁的孩子说“因为他头发短，所以他是男生；因为她穿裙子，所以她是女生”，这是一种间接形式的判断，反映了一定的因果关系，虽然有时论据是错误的。6 ～ 7 岁时判断发展显著，是两种判断变化的转折点。7 岁以后儿童的判断转为以间接推理判断为主。具体见表 5 - 1。

表 5 - 1　儿童直接判断与间接判断的发展

年龄（岁）	5	6	7	8	9	10
直接判断（%）	74	63	27	28	23.1	4.2
间接判断（%）	11.2	22.8	71	70	76.2	95
其他判断（%）	14.7	14.2	2	2	0.7	0.8

2. 判断内容从表面联系向本质联系发展

从判断的内容来看，学前儿童的判断从反映事物的表面联系，开始向反映事物内在的本质的联系发展。3 ～ 4 岁的幼儿往往对直接观察到的物体表面现象作出因果关系的判断。例如，看电影或电视时对里面人物品质的判断，儿童往往认为“他长得难看，所以是坏人”“他不听妈妈的话，所以他不是好孩子”。这些判断都是根据表面现象，或偶然性的联系进行的。5 ～ 6 岁的幼儿开始能够按事物隐蔽的、比较本质的联系作出判断和推理。如“他伤害了别人，所以他是坏人”“乒乓球比较轻，所以在水里会漂浮”。

3. 判断根据从无逻辑规则向有逻辑规则发展

幼儿初期常常不能按事物的客观逻辑进行判断，而是无逻辑、无原则地从自我中心的角度出发，按照自己的想法来判断。例如，3 ～ 4 岁幼儿认为，球会从斜坡上滚下去，是因为“它不愿意待在山坡上”，或者是因为“它想下来玩”；在做算术题时，如果问“你家有两只猫，我家有一只猫，一共有几只猫?”，幼儿不去回答这个问题，会说“我家没有猫”。随着年龄的增长，幼儿的判断逐渐向以客观逻辑规则为根据的判断发展。

4. 判断根据从无意识向有意识发展

从判断根据来看，学前儿童在判断时是没有明确意识的，之后会逐渐开始意识到自己的判断根据。但他们的判断根据不一定是符合逻辑的，有时候是以他人的根据为根据，例如，问 4 岁幼儿：“你知道为什么要刷牙吗?”幼儿说：“因为是妈妈说的。”有时候是根据日常经验进行猜测的，例如，问幼儿：“最早的人是从哪里来的？”他会说：“从石头缝里蹦出来的，因为孙悟空就是从石头缝里出来的。”随着年龄的增长，儿童开始不断修改自己的论据，努力使自己的判断合理化，对判断的论据日益明确，说明思维的自觉性、意识性和逻辑性开始发展。

（三）学前儿童推理的发展

学前儿童推理的水平比较低，具有抽象概括性差、逻辑性差、自觉性差等特点。

1. 最初的转导推理

转导推理是个体思维发展的一个方面，是指个体由特殊、个别的事例到另一些特殊、个别事例的推理。比如，一名学前儿童往金鱼缸里倒豆浆，一边倒，一边告诉身边的小朋友：“我妈妈说了，多喝豆浆就能长得又快又好。”有孩子给石凳子浇水，盼望它快快长大等。转导推理是学前儿童最初的推理形式，儿童 2 岁时已经出现，3 ～ 4 岁时经常使用，4 ～ 5 岁时仍会出现。转导推理是从个别到个别的推理，其中没有类的包涵、层次关系和可逆性[①]。

皮亚杰等人认为，学前儿童的转导推理是“无逻辑”的或“先逻辑”的前概念推理。这种无逻辑的推理是儿童还没有形成“类概念”，即不能把同类与非同类事物相区别的结果。学前儿童的转导推理之所以常常不符合客观逻辑，是因为：第一，缺乏知识经验；第二，不能进行分类、概括等概念性思维加工[②]。比如，幼儿认为：哪一天没有睡午觉，哪天就没有下午。在他的头脑中，“下午”的概念就是“睡午觉起来以后”。

学前儿童最初的推理有时也会是正确的。当推理的内容与他的生活经验有关时，其推理一般就是正确的。比如，问幼儿：“老师为什么去喝水？”幼儿说：“老师口渴了。”

2. 学前儿童的归纳和演绎推理

归纳和演绎属于逻辑推理。研究表明 3 ～ 4 岁的幼儿还不会运用任何一般原理进行逻辑推理，完全是非逻辑的自由联想。例如，在一项实验中，给儿童两个前提条件：鱼是用鳃呼吸的，黄鱼是鱼，所以黄鱼________。结果有的儿童却说黄鱼会游泳。

学前儿童的归纳演绎推理能力受其知识经验和认知发展水平的限制，很难概括出事物的本质特征，他们往往是根据自己理解的事物特征或属性进行概括。例如，学前儿童在观察鸟的时候，发现鸽子长着两只脚、猫头鹰长着两只脚、大雁长着只两脚，所以就会得出“鸟长着两只脚”的结论。

① 林崇德 . 心理学大辞典：下 . 上海：上海教育出版社，2003.

② 东方之星 . 学前儿童推理能力的发展 . 新浪博客，2006-03-28.

3. 学前儿童的类比推理

类比推理是指根据两个或两类对象有部分属性相同，从而推出它们的其他属性也相同的推理，它是从特殊向特殊的推理。

例如，下雨天走在被车轮碾过的泥泞的路上，晓雪问："爸爸，地上一道一道的是什么呀？"爸爸说："是车轮压过的泥地儿，叫作车道沟。"晓雪说："爸爸脑门上也有车道沟（指皱纹）。"这就是类比推理。

查子秀等（1984）的实验研究认为，3～6岁儿童已经具有一定水平的类比推理能力。李鹏（2000）通过实验研究得出结论：3岁儿童已能进行类比推理，但推理存在不稳定因素，5岁儿童的类比推理已趋于稳定。

根据这些研究结论，我们可以在儿童的早期教育过程中有意识地引导儿童运用类比推理来学习新知识、解决新问题。

四、学前儿童思维能力的培养

（一）直觉行动思维能力的培养

学前儿童的思维离不开感知和动作，他们不能预见和计划自己的动作，只能在活动中边做边想。所以要为儿童提供大量的可以直接感知的玩具和活动材料，让他们通过自己动手操作来获得关于事物的各方面的知识，从而促进思维能力的发展。例如，让儿童摆弄天平，从而获得关于平衡的概念。

（二）具体形象思维能力的培养

整个学前期儿童的思维都以典型的具体形象思维为主。表象是形象思维的基础，正确的、丰富的表象积累是培养儿童形象思维的基本途径。所以要提高学前儿童的形象思维能力，必须丰富学前儿童的表象储备。要丰富儿童的表象积累，就要多为儿童提供鲜明、生动、形象、直观的材料，如实物、模型、挂图等，同时要教给学生观察的方法，积极开展联想和想象活动；多让儿童走进自然，亲近社会，积极感知和观察外界事物，不断积累感性知识和经验，形成丰富的表象，从而有利于形象思维能力的发展。

（三）各种思维形式的培养

1. 概括能力的训练

学前儿童的概括水平较低，一般属于感知水平的概括，所以要引导儿童在多次观察和感知的基础上概括出事物的主要特征，形成初级概念。例如，让儿童观察不同的三角形，使他们懂得，虽然其大小、角度不同，但它们都有三条边，三个角。这样便可以使儿童在头脑中把这种共同特征抽取出来，形成一个初级的三角形的概念，即三角形是有三条边、三个角的图形。

2. 分类能力的训练

学前儿童分类能力的训练需要循序渐进，从初级向高级发展，从表面特征分类向本质特征分类发展。

对于学前初期的儿童，通过训练他们根据物体的外形特征（形状、颜色、大小）进行分类，提高其对物体的形状、颜色、大小等基本属性的认识，以及归纳概括能力。随着儿童年龄的增长，在训练时逐渐从物体的外部特征向内部特征转化。例如，在生活中训练孩子把衣服按季节分类，对冰箱里的蔬菜和水果进行分类等。

在对学前儿童进行分类能力训练时，不宜直接进行知识的讲授，而是应该提供具体的实物，让他们在游戏操作中逐渐发现事物的各种特征，从而促进其分类能力的提高。

3. 推理能力的训练

推理是思维常见的活动方式，它是从一个或几个已知判断推导出新的判断。据一项研究发现，经过练习指导，约有 60% 的 5 ～ 6 岁幼儿能进行归纳推理和演绎推理，90% 的大班幼儿能进行类比推理。

进行推理能力训练时，首先，要从儿童的感知觉经验出发，例如，对于 2 ～ 3 岁的儿童，可以让其先感知简单图形的排列，找到规律，然后推导出后面可以排列的图形。其次，要让儿童进行分类训练，从依据外部特征分类逐步向依据其功能或内部特征分类发展。再次，当儿童出现推理错误时，要以巧妙的方式指出来，并指导其通过自己的实践活动去验证，从而获得合理的结论。

（四）思维品质的培养

思维品质是思维能力的重要标志。思维品质主要有广阔性和深刻性、独立性和批判性、逻辑性和非逻辑性、灵活性和敏捷性等特点。良好的思维品质对儿童思维能力的形成和发展起着至关重要的作用。

培养学前儿童思维的广阔性，就要启发儿童在认识事物或解决问题的过程中从不同的角度去考虑，不满足或不局限于一种答案。例如，用积木拼图的时候，可以问孩子："宝宝，我们要先拼什么？"当孩子回答后，再问："还可以怎样拼？"又如，可以给孩子描述一种问题情境，问孩子有几种解决办法。坚持训练，一定会达到很好的效果。

培养学前儿童思维的批判性，主要是根据儿童心理和认知的特点，经常引导他们做改错练习。例如，根据儿童已有的知识，让其判断“今天的夜空真美呀，有满天的星星和月亮”“小鸭子和小鸡在水里玩得很开心！”等类似的话有没有错，错在哪儿，并让他说说为什么。

培养学前儿童思维的逻辑性，主要是加强推理训练。例如，按规律填空，根据生活常识按照事物的大小、轻重、发展顺序做排序训练等。

培养学前儿童思维的灵活性和敏捷性，主要是锻炼他们根据不同的条件灵活改变策略或对一个问题寻求多种解决方法以及提高解决问题的速度等。例如，可以问孩子“如果车子坏了，我们怎么去公园?”，然后引导孩子多方位思考；在儿童解决问题时，不断变换问题的条件，让儿童灵活变换解决方法；通过比赛提高其敏捷性等。

（五）注重学前儿童思维方法的训练

在日常生活中，我们不但要教给学前儿童思考什么，还要教给他们怎样思考，也就是要教给学前儿童正确的思维方法。对于学前儿童来说，常见的思维方法包括分析、综合、比较和概括等，所以在游戏和活动中要有意识地训练这些方法。例如，在观察活动中，让儿童学会从多个方面进行观察，分析事物的多种特征，通过比较找出相同点和不同点，以此进行初步概括等。通过这些训练，可以让儿童逐步掌握一些基本的思维方法。由于儿童认知发展水平较低，在训练时尽可能采用直观材料，以此丰富学前儿童的感性认识，促进思维能力的提高。

另外，家长和教师要善于启发、诱导其去探索科学知识，从小培养他们细心观察周围事物和勤于思考、善于思考的习惯。

第二节　学前儿童言语的发展

一、语言和言语概述

（一）语言和言语的概念

语言是人类社会中客观存在的现象，是人们在社会活动中约定俗成的符号系统。语言是以语音或字形为物质外壳、以词汇为建筑构建材料、以语法为结构规律而构成的体系。言语则是人运用语言材料和语言规则所进行的交际活动的过程。例如，上课时教师用的是汉语或英语这种语言，而讲述的过程则是言语。

（二）语言和言语的关系

从语言和言语的概念可知，语言是社会现象，是人们进行信息传递的工具。每种语言在其发音、语法、句法方面都有统一的规则，这些规则一经产生，就有着较强的稳定性。而言语则是一种心理现象，是借助语言进行信息交流的活动，它具有个体性和多变性。每个人的言语活动都带有个人的特点，如地域、性别、年龄、文化素养、社会地位等。

语言和言语二者是密切相关的。首先，言语活动以语言为工具进行，没有语言就无法进行言语活动，学前儿童掌握语言的水平影响着其言语表达水平；其次，语言是在人们的言语交流活动中产生和发展的，随着社会的发展，有些语言不再被人们所使用就会消失，而在新的情景中又会出现新的语言；再次，语言是在言语活动中掌握的，如果儿童没有言语活动机会，也就不能掌握语言。

（三）言语的种类

根据言语活动的表现形式，可以将言语分为三类。

1. 口头言语

口头言语是指通过个人说话的方式向他人传递信息的过程，分为对话言语和独白言语。对话言语是指交往双方通过一问一答的方式交流信息，沟通情感。独白言语是指一个人向他人阐述观点、传达信息的过程。比如，演讲、上课都属于独白言语，在学前儿童身上往往表现为一个人的自言自语。

2. 书面言语

书面言语是指借助于文字来记录事件、表达思想感情、传授知识经验的言语。书面言语是在口头言语的基础上发展起来的，经历了认字、阅读、学会写作三个阶段。

3. 内部言语

内部言语是一种自问自答或不出声的言语活动，主要是为了支持思维活动的进行，而不是用来交际的。我们思考问题时所运用的都是内部言语。学前儿童开始出现内部言语的年龄大约是 4 岁，开始时表现为出声的自言自语，之后逐渐向无声的内部言语转化。

二、学前儿童言语发生发展的趋势和阶段

学前儿童言语发展的总趋势是语言的感知和理解先于语言表达的发生发展，也就是说儿童先会听才会说。研究表明，2 ～ 3 个月的婴儿就能够分辨语音的细微差别，6 个月后能够听懂成人的言语指令，1 ～ 1.5 岁能够理解一些词的意义，2 岁左

右开始能够用语言表达自己的需要。

通常以儿童能说出第一批真正理解的词（时间在1岁左右）作为言语发生的标志，以此为界可将学前儿童言语发生发展的过程分为言语准备期、言语发展期和说出完整句三大阶段。

（一）言语准备期（0～1岁）

言语准备期也称为前言语阶段，这一阶段主要是为真正理解词的意义和发出准确语音作好准备，包括发音的准备和语音理解的准备。

1. 发音的准备

婴儿的发音准备大致经历三个阶段①：

（1）简单发音阶段（1～3个月）。

婴儿生下来第一次发声就是哭声。从新生儿的哭声中，特别是哭声停止的时候，可以听出ei，ou的发音。2个月以后，婴儿不哭时也开始发音，当成人与他们用声音互动时，发音现象更明显，已能发出ɑi，ɑ，ei等音。发这些音不需要较多的唇舌运动，只要一张口，气流自口腔冲出，音也就发出了。这与婴儿发音器官不完善有关。

这一阶段的发音是一种本能行为，天生聋哑的婴儿也能发出这些声音。

（2）连续音节阶段（4～8个月）。

这一阶段，婴儿明显变得活跃起来。当他吃饱、睡醒、感到舒适时，常常自动发音。发出的声音中，不仅韵母增多，声母出现，而且经常连续重复同一音节，如ɑ—bɑ—bɑ，dɑ—dɑ—dɑ等，其中有些音节与词音很相似，如bɑ—bɑ（爸爸），mɑ—mɑ（妈妈）等。父母常常以为这是孩子在呼喊他们，感到非常高兴。其实，这些音还不具有符号意义。但如果成人利用这些音与具体事物相联系，就可以形成条件反射，使其具有意义。

（3）模仿发音——学话萌发阶段（9～12个月）。

这一阶段，婴儿不同音节的连续发音明显增加，音调也开始多样化，四声均出现了，听起来很像是在说话。当然，这些“话”仍然是没有意义的，但却为学说话作了发音上的准备。

这一阶段，近似词的发音更多，同时，婴儿开始能模仿成人的语音。这一进步，标志着婴儿学话的萌芽。在成人的教育下，婴儿渐渐能够把一定的语音和某个具体事物联系起来，用一定的声音表示一定的意思。虽然此时他们能够发出的词音

---

① 张永红．学前儿童发展心理学.3版．北京：高等教育出版社，2019.

只有很少几个，但毕竟能开口说话了。

2. 语音理解的准备

（1）语音知觉能力的准备。

婴儿对言语刺激是非常敏感的，出生不到10天的婴儿就能区分人的语音和其他声音，与其他声音相比，婴儿更喜欢听人的声音，特别是对妈妈的声音比较敏感。近期的研究又发现，几个月大的婴儿还具有了语音范畴知觉能力：能分辨两个语音范畴之间的差别（如“b”和“p”）。有关研究表明，语音范畴知觉很可能是一种先天的听觉能力，婴儿生下来就具有这种能力，从而帮助他们来学习语言。语音知觉的发展为语言理解提供了必要的前提，只有“听准音”才可能“听懂义”。

（2）语词理解的准备。

八九个月的婴儿已经能“听懂”成人的一些言语，表现为能对言语作出相应的反应。但这时，引起婴儿反应的主要是说话人的语气、表情与动作等，而不是词的意义。

例如，给9个月的婴儿看“狼”和“羊”的图片。每当出示“羊”时，就用温柔的声音说“羊，羊，这是小羊”，而出示“狼”时，就用凶狠的声音说“狼，狼，这是老狼”。若干次以后，当实验者用温柔的声音说“羊呢？羊在哪里？”，婴儿就会指向画着羊的图片，反之亦然。这时，实验者突然改变说话的语调，用凶狠的声音说“羊呢？羊在哪里？”，婴儿则毫不犹豫地指向画着狼的图片。这说明婴儿并没有真正理解“羊”和“狼”的语词意义。一般到11个月左右，婴儿才开始真正理解词的意义，但这时候还不能发出词的语音。

（二）言语发展期（1～2岁）

这个阶段婴儿言语发生的标志是能说出最初的词并掌握其意义，但这些词往往不能组成完整的句子，而是以单词句和双词句的形式出现。

1. 单词句阶段（1～1.5岁）

（1）单音重叠。

这个阶段的婴儿发出的字音都是重叠的，如“宝宝”“娃娃”“车车”等；还喜欢用象声词代表物体的名称，如把汽车叫作“嘀嘀”，把小狗叫作“汪汪”。

（2）一词多义。

这个阶段的婴儿因为掌握的词有限，所以经常用一个词代表多种客观事物。例如，孩子吃过糖以后，见到糖叫“糖糖”，后来看到其他零食，如饼干、奶片等也都叫“糖糖”。

（3）以词代句。

这个阶段的婴儿不仅用一个词代表多种客观事物，而且有时用一个词代表一个句子，如孩子说“娃娃”，表达的语义可能是“我要玩娃娃”，也可能是“这是我的娃娃”，或者是“给你玩娃娃”等意思。

2. 双词句（电报句）阶段（1.5 ～ 2 岁）

1 岁半以后，婴儿言语发展的速度大幅提高，在很短的时间内，会从不怎么说话变得很爱说话。说出的词汇量大幅增加，2 岁时可达 200 多个。但这一阶段说出的句子是不完整的，往往省略了助词、介词等修饰性或功能性的词，就像我们发电报时用的语言，因此，这种句子也被称为“电报句”。如“爸爸球”表达的可能是“爸爸带我去打球”。

（三）说出完整句阶段（2 岁以后）

1. 能说出完整的简单句，并出现复合句

这一阶段的婴儿渐渐能够用简单句表达自己的意思，并开始说一些复合句。例如，“我饿了”“我要玩汽车”“我喜欢漂亮的娃娃”等。随着年龄的增长，婴儿说出的句子会越来越长，日趋完整和复杂。

2. 词汇量迅速增加，出现“词语爆炸现象”

儿童在进入 3 岁以后，词汇量会迅速增加，语言会更加丰富。例如，一个 3 岁的孩子对爷爷奶奶说：“星期六、星期天，我爸爸妈妈带我出去玩，就没人和你们玩了，你们孤单吗？”而且他们掌握的词类越来越多，甚至包括一些连词、助词等。

三、学前儿童语音的发展

学前儿童语音的发展可以从语音辨别能力的发展、发音能力的发展和语音意识的产生三个方面来考察。

（一）语音辨别能力的发展

一般而言，这一时期儿童语音辨别能力的发展主要表现在对母语音位的区别性特征的获得方面。有研究表明，2 ～ 3 个月的婴儿能够分辨语音的细微差别，但这时婴儿还不能发出音节分明的语音。

（二）发音能力的发展

学前儿童正确发音一般比准确辨别音位要困难，发音能力的发展也晚于辨音能力的发展。一般认为婴儿发音能力的形成会经历四个阶段：0～2个月出现噪音，3～4个月出现啊咕声，4～8个月出现喃喃语，9～12个月开始发出语音。我国儿童到4岁时，基本可以掌握母语的全部语音；到6岁时，基本上能发准母语的绝大部分语音。

（三）语音意识的产生

语音意识是对语音的辨别和操纵能力，在学前儿童身上主要表现为：能够意识到自己发音的弱点；能评价别人发音的特点，指出和纠正别人的发音错误；能够有意识并自觉地调节自己的发音。例如，知道自己不会发出某个音而有意回避，如儿童不会发“哥哥”音，总是说成“的的”，所以他就不肯叫“哥哥”。2～3岁儿童开始出现语音意识，4岁左右，语音意识迅速发展。

四、学前儿童语法的发展

词汇是语言的建筑材料，语法是语言的使用规则。人类需要按语法规则表达语义，才能进行交往活动。学前儿童在与环境相互作用的过程中，自然而然地掌握了一些基本语法结构和句型。

（一）语法意识的出现

幼儿对语法结构的意识大约是从4岁开始出现的。在此之前他们的言语活动常常不符合语法结构，表现为电报句、颠倒语句或量词、介词误用等错误。4岁以后，幼儿开始能够发现别人说话中的语法错误并提出有关语法结构的问题等。当然，他们关于语法规则的知识不是通过专门的学习获得的，而是在日常生活中通过与成人的语言交流获得的。

（二）语句的发展

1. 从混沌一体到逐步分化

学前儿童在掌握语言的过程中，语句逐渐分化。在最初的单词句阶段，一个词可以代表多种含义，如“汽车”可以表示“我喜欢汽车”或“我想玩汽车”等。随着年龄的增长，学前儿童的语词逐渐分化，开始明确表达语义。例如，能说出“我喜欢绿色的车子”。

2. 从不完整到逐步完整，从松散到逐步严谨

3岁半以前的学前儿童，话语常常漏缺主要词类，词序紊乱，不能体现语法规则的结构。例如，他们想玩皮球，可能表达为“皮球玩”。3岁半以后语句逐步趋于

完整，例如，他们能够说出“妈妈，你和我一起玩皮球吧”。

4 岁左右的儿童能说出较多复杂修饰语句，语义表达逐步严谨。如学会运用介词“把”：“他们把我的球拿走了”。到五六岁，儿童的关联词会比较丰富，但还常常用得不恰当。

3. 由压缩、呆板到逐步扩展和灵活

学前儿童最初的语句结构是压缩的、呆板的，表达的语义是模糊的。随着年龄的增长，儿童词汇的积累逐渐增多，语句表达开始变得灵活和丰富。例如：从“嘀嘀—呜呜—公园”到“嘀嘀去公园—我去公园—妈妈带我去公园—明天妈妈带我坐车去公园看大象”。

五、学前儿童词汇的发展

词汇是语言的重要组成部分，词汇掌握的程度是学前儿童言语发展水平的主要指标之一。学前儿童对词汇的掌握主要表现在词汇量的增加、词类范围的扩大以及词义理解的深化等方面。

（一）词汇量的增加

学前儿童的词汇量随着年龄的增长而增加，呈直线上升的趋势。1 岁左右，儿童才开始说出词，到入学前，儿童已能掌握基本的口语词汇。史慧中于 1986 年做的我国 3 ～ 5 岁儿童词汇量研究的实验结果表明：3 ～ 4 岁儿童词汇量迅速增长，词汇量为 1 730 个；4 ～ 5 岁是儿童词汇量持续快速增长时期，词汇量几乎达到成人的水平，为 2 583 个。有关研究表明，3 ～ 5 岁是儿童语言发展的重要时期，因此，应重视语言能力的早期培养。

学前儿童的词汇有消极词汇和积极词汇之分。消极词汇是指儿童能理解但不能运用的词汇，实际上理解得也不透彻，也就是说能听懂，但不能主动说出的词。例如，儿童能听懂“一模一样”，但在口语表达中却不能自觉使用。积极词汇是指儿童自己能听懂，并能在说话中自如运用的词汇。随着年龄的增长，学前儿童掌握的积极词汇逐渐增加。

（二）词类范围的扩大

随着年龄的增长，学前儿童掌握的词汇量逐渐增多，掌握的词的种类也在不断扩大。词一般分为实词和虚词两大类，学前儿童最先掌握的是实词，后掌握的是虚词。研究表明，学前儿童掌握实词的顺序是名词、动词、形容词。那些代表具体事物的名词和具体动作的动词是学前儿童在生活中常常经历和感知到的，所以容易掌握。这时学前儿童运用形容词的能力虽也有了初步的发展，但只能掌握表明事物具体形态或性质的词，如大、小、多、少、高、低等，运用起来也不够准确。对于其他实词如副词、代词、数词，掌握较晚。虚词如连词、介词、助词、语气词等，学前儿童掌握较晚，在学前儿童词汇中所占的比例也较小。从学前儿童使用各类词的频率来看，频率最高的是代词，其次是动词和名词。

（三）词义理解的深化

同一个词，不同年龄阶段的学前儿童对其含义理解不同。学前儿童理解词义有四个突出特点：一是笼统。例如，3 岁左右的孩子会把“梨”说成“苹果”，稍大之后才能理解两者的区别。二是非常具体。学前儿童最初掌握的词多是与他们日常生活紧密联系的具体事物的名称和具体动作的有关词汇。三是对词义的理解或失之过宽或失之过窄。过宽的如把“胖”“高”“大”都说成“大”；过窄的如“妈妈”仅指自己的妈妈。四是出现造词现象。在 3 ～ 5 岁儿童词汇的发展中，可以看到一种自造新词的现象，这跟词汇的贫乏和误用是分不开的。如一个 4 岁的幼儿说“她在讲话，讲地下的话”(指低着头讲话)；又如儿童能够区分大红和粉红，但没有掌握“粉红”这个词，便说成“小红”等①。

随着对词义理解的深化，学前儿童不仅能掌握词的一种意义，而且能掌握词的多种含义；不仅能掌握词的表面意义，而且能掌握词的转义。

六、学前儿童语言表达能力的发展

（一）从对话言语逐渐过渡到独白言语

3 岁以前儿童的言语基本上都是采取对话的形式，一般是与他人一起进行活动，通过一问一答进行交流。3 岁以后，随着儿童自主性的发展，儿童常常一个人进行各种活动，从而获得了一些自己的经验和想法等，独白言语也就逐渐发展起来了。

当然，学前儿童的独白言语刚刚开始形成，发展水平还很低，往往缺乏逻辑性和连贯性，尤其是在幼儿初期。在良好的教育下，五六岁的幼儿就能比较清楚、系统地讲述所看到或听到的事情和故事了，讲述的逻辑性会逐渐提高，主题逐渐明确、突出，层次逐渐清晰。

① 陈帼眉 . 学前心理学 . 北京：人民教育出版社，1989：279.

（二）从情境性言语过渡到连贯性言语

情境性言语是指以具体情境活动为背景，缺乏连续性和逻辑性，只有结合情境才能理解的言语。例如，一个 3 岁的孩子向别人讲自己去动物园的经历时说："有猴子，在笼子里，会爬树，老虎，妹妹，骑马……"边说边手舞足蹈地比画。如果不知道他干什么了，根本无法理解。

3 岁前幼儿的言语基本上都是情境性言语。只有天天陪伴着孩子的家长才能听懂他们的话。随着儿童年龄的增长，言语发展水平逐步提高，连贯性言语开始逐渐发展起来。连贯性言语是指能独立、完整地表述自己的思想和感受，具有一定逻辑性的言语。整个幼儿期都是从情境性言语向连贯性言语过渡的时期。六七岁的儿童才能比较连贯地进行叙述，但其发展水平也不是很高，语句结构比较简单，缺乏修饰性的言语。

（三）逐渐掌握言语表达技巧

言语表达不仅要完整、清晰、符合逻辑，而且要能够根据情境、对象和表达需要变换声音的高低、强弱、快慢、停顿、语气和声调等。学前儿童还不能完全正确地应用语言表达技巧，有时说话过急，有时容易拖音，有时说话不清晰，所以需要通过专门的教育来帮助儿童掌握这些技巧。例如，朗诵诗歌、复述故事等。

（四）内部言语开始萌芽

内部言语是言语的高级形式，不是用来交际而是用来思考问题的。3 岁以前的幼儿几乎没有内部言语，3 岁以后内部言语才开始逐渐萌芽，最初表现为自言自语。例如，幼儿在游戏活动中，一边做动作，一边说话；小红边搭积木边说："我要盖一个大大的房子，我住在这里，妈妈住在那里……"这种言语也被称为游戏言语。有时幼儿在活动中遇到困难，会自问自答。例如，"这块尖尖的放哪里呢……不对……放这里吧……"这类言语又被称为问题言语。六七岁以后，儿童在活动中自言自语的现象明显减少，逐渐向无声的内部言语转化，这也标志着学前儿童的言语发展达到了较高的水平。

七、学前儿童言语能力的培养

苏霍姆林斯基说："语言是智力发展的基础，也是所有知识的宝库。"学前儿童正处于学习语言的最佳时期。《幼儿园教育指导纲要（试行）》中指出："语言能力是在运用的过程中发展起来的。”因此要重视在实践中发展学前儿童的言语能力。

（一）对于婴儿，要多提供语言模仿和语言练习的机会

婴儿学习的主要方式就是模仿。婴儿出生后不久就能看能听，能注意到周围的声音，进而进行模仿。罗斯等人（1959）的研究表明，对 3 个月以内的婴儿给予频繁的语言刺激，可以提高婴儿的发音率。所以成人可以用各种语言和声音来刺激婴儿，增强他对声音的敏感性，同时诱导婴儿发音，并对其发音行为进行积极强化。但要注意这个阶段给予的语言刺激不应过于复杂，要与具体事物联系起来，促进婴儿对语音的理解。比如，可以拿起鸭子玩具放在婴儿面前，让其看到并摸到，同时跟他说：“鸭子，嘎嘎……嘎嘎……”并引导其发出“嘎嘎”的声音。

（二）通过专门的语言教育活动促进学前儿童言语的发展

2～3 岁是口头言语发展的关键期，每天都能掌握一些新的词汇，所以家长或教育者要给儿童创设丰富的语言环境，帮助儿童掌握新词，扩大词汇量。专门的语言教育并不是对语音、词汇和造句语法进行简单训练，这不符合学前儿童语言教育的特点，而是为他们创设良好的规范化的语言环境，在日常生活中多听、多说，在社会活动中清楚、完整地表达自己的思想、感情和愿望。例如，教师可以利用具体的实物、图片、图书等，让幼儿充分地观察；然后教师用清晰完整、鲜明生动的语言进行描述，让幼儿能够听懂；再给幼儿言语表达的机会，让其重复或讲述，或者引导幼儿进行想象再进行描述。通过这样的活动，促进学前儿童思维和言语的发展。

（三）激发学前儿童言语交往的需要，鼓励言语的创造性

《幼儿园教育指导纲要（试行）》提出，要为幼儿“创造一个自由、宽松的语言环境，支持、鼓励、吸引幼儿与教师、同伴或其他人交谈，体验语言交流的乐趣”“鼓励幼儿大胆、清楚地表达自己的想法和感受，尝试说明、描述简单的事物或过程，发展语言表达能力和思维能力”。幼儿本身言语交往的需要对其言语发展非常重要，据实验研究，在自然条件下，即在儿童有同成人交往需要的情况下，一天可以掌握的词，在实验室条件下，通过词与实物的结合，儿童要 10～11 天才能掌握。所以创设儿童的言语交往条件对于促进其言语能力的发展非常重要。学前儿童的交往活动主要表现为亲子交往、同伴交往和师幼交往等。因此，首先成人要想方设法创设宽松的语言环境，利用一切环境和机会，随时随地与儿童交谈，特别是处于言语敏感期的儿童，要及时对其言语活动进行反应，形成良好的互动，使儿童产

生表达的欲望。其次要有目的、有计划地组织儿童参与集体活动，在活动中鼓励儿童与他人交往，孩子在同伴交往活动中进行听说联系，同伴间的自发模仿和相互交谈，会给孩子带来很多乐趣，提高其言语表达力。另外，还要在幼儿园活动中，利用师幼交往，给儿童提供表达的机会，比如，经常和孩子一起谈论他们感兴趣的话题；经常和孩子一起看图书、讲故事；还可以带着孩子走进大自然，让他们对看到的、听到的、想到的与伙伴进行交流，激发他们交谈的兴趣等。最后对于学前儿童在言语活动中学会新词或自己创造出来词语要给予鼓励和支持，促进其言语创造性的发展。

（四）通过游戏促进学前儿童言语发展

《幼儿园教育指导纲要（试行）》中指出："发展幼儿语言的重要途径是通过互相渗透的各领域的教育，在丰富多彩的活动中去扩展幼儿的经验。"游戏是符合学前儿童年龄特点的活动，应用游戏方法进行教育是幼儿语言教育中常见的活动方式之一，其目的在于提高幼儿学习兴趣，集中幼儿的注意，促进幼儿各种感官和大脑的积极活动。比如，在角色游戏中，幼儿通过扮演游戏中的不同角色，可以学会不同的句子。如在"买卖"游戏中，幼儿分别扮演顾客和售货员，就能学会不同角色的言语。另外，还可以结合幼儿园的一些日常活动如洗手、吃饭、走路等编一些有趣的儿歌让幼儿学习，这也是促进幼儿言语发展的一个好方法。比如，洗手时让幼儿边唱洗手的儿歌边洗手："小手小手淋淋湿，小手小手搓一搓，小手小手洗一洗，小手小手真干净。"走路时让幼儿学唱小蚂蚁的儿歌："小蚂蚁排好队，一个跟着一个走，谁也不抢先，谁也不落后。"

在游戏活动中要保证幼儿自由、自主的权利，让幼儿在游戏环境中感受到自己是安全的、自由的，这样会激发幼儿参与活动的积极性。

（五）重视学前儿童的个体差异性，采用因材施教的教学方法

《幼儿园教育指导纲要（试行）》中还强调："幼儿的语言学习具有个别化的特点，教师与幼儿的个别交流、幼儿之间的自由交谈等，对幼儿语言发展具有特殊意义。"所以幼儿园教育要为不同层次的幼儿制定不同的目标。有的孩子言语发展水平高于同龄儿童，言语表达清晰流畅，教师可以在言语表达技巧方面给予指导，引导孩子通过语气、语速的变化表达不同情感等；有的孩子言语发展水平低于同龄孩子，教师要多给予其说话的机会，对其言语的进步及时进行强化，增强其信心，促进其言语的丰富性和流畅性的发展。还有些孩子到了四五岁，仍然说话不清，发音不准，教师和家长要及时了解原因，进行有针对性的矫正。

（六）帮助学前儿童养成良好的语言行为习惯

（1）结合情境提醒学前儿童一些必要的社会交往礼节。比如，待人要有礼貌，看到教师、阿姨要问好；家里来人要主动打招呼；接受别人的礼物，或者得到别人的帮助要道谢等。向学前儿童提要求时，内容要具体、明确，语言要通俗、简练，要符合学前儿童的年龄特征。

（2）教会学前儿童遵守集体生活的语言规则，如轮流发言，不随意打断别人讲话，回答问题时要举手，学会倾听别人说话等。

（3）提醒学前儿童注意公共场所的语言文明，如不大呼小叫，不撒泼耍赖，不说脏话，不随便批评他人等。

（4）教会学前儿童一些文明用语，如“好可爱”“好主意”“非常好”“恭喜你”“太棒了”“我很喜欢你”等。

本章小结

思维是指人脑借助语言、表象或动作实现的对客观事物概括的、间接的反映。学前儿童的思维以直观动作思维和具体形象思维为主，抽象逻辑思维开始萌芽。

学前儿童掌握概念的一般特点是：以掌握具体实物概念为主，向掌握抽象概念发展；对抽象概念的掌握离不开具体形象和活动的支持；最先掌握基本概念，在此基础上逐渐掌握其上位概念或下位概念；掌握概念的名称容易，掌握概念的内涵困难。

学前儿童判断发展的特点为：判断形式从直接判断向间接判断发展；判断内容从表面联系向本质联系发展；判断根据从无逻辑规则向有逻辑规则发展；判断根据从无意识向有意识发展。

学前儿童言语的发展分为言语准备期、言语发展期和说出完整句三大阶段。学前儿童语音的发展表现为：语音辨别能力的发展、发音能力的发展和语音意识的产生。语句的发展表现为：从混沌一体到逐步分化；从不完整到逐步完整，从松散到逐步严谨；由压缩、呆板到逐步扩展和灵活。词汇的发展表现为：词汇量的增加、词类范围的扩大、词义理解的深化。语言表达能力的发展表现为：从对话言语逐渐过渡到独白言语，从情境性言语过渡到连贯性言语，逐渐掌握言语表达技巧，内部言语开始萌芽。

本章主要内容如图所示：

- 学前儿童思维和言语的发展
  - 学前儿童思维的发展
    - 思维的概念和种类
    - 学前儿童思维的发生和发展
    - 学前儿童思维形式的发展
    - 学前儿童思维能力的培养
  - 学前儿童言语的发展
    - 语言和言语概述
    - 学前儿童言语发生发展的趋势和阶段
    - 学前儿童语音的发展
    - 学前儿童语法的发展
    - 学前儿童词汇的发展
    - 学前儿童语言表达能力的发展
    - 学前儿童言语能力的培养

同步练习

一、名词解释

思维　自我中心　言语　情境性言语

二、简答题

1. 思维有哪些基本特征？
2. 思维有哪些种类？
3. 学前儿童思维的发展有哪些特点？
4. 学前儿童的概念、判断和推理的发展有什么特点？
5. 结合实际谈谈如何培养学前儿童的思维能力。
6. 言语和语言的关系是什么？
7. 简述学前儿童言语发展的阶段。
8. 学前儿童语音、语法、词汇的发展有哪些特点？
9. 结合实际谈谈如何促进学前儿童言语能力的发展。

三、活动设计题

1. 在具体教学活动中促进学前儿童思维的发展。如在讲《乌鸦和狐狸》的故事时，教师提问："狐狸是怎样让乌鸦开口的？"在肯定幼儿答案的基础上，教师进一步启发疏导："谁还能想想狐狸还有什么办法能让乌鸦开口？"让幼儿各自思考，互相议论，鼓励其发表不同的见解，开阔了幼儿的思路，丰富了幼儿的想象，从而促进了幼儿创造性思维的发展。

请根据此案例设计具体的教学活动。

2. 给幼儿播放音频或视频信息，询问他们看到了什么，听到了什么，想到了什么。通过鼓励幼儿表达，促进其言语和思维的发展。

请根据此提示设计具体的教学活动。

第六章　学前儿童智力和创造力的发展

学习目标

1. 理解智力和创造力的概念。
2. 理解智力结构的相关理论以及智力测验的方法。
3. 掌握智力发展的一般趋势。
4. 掌握学前儿童智力发展的个体差异性。
5. 学会促进学前儿童智力和创造力发展的方法和策略。
6. 掌握学前儿童创造力的特点。

学习重难点

1. 重点：智力发展的一般趋势以及学前儿童智力发展的个体差异性。
2. 难点：智力结构的相关理论以及智力测验的方法。

教学建议

基本概念要讲解清晰，结合案例，加深学生对基本理论的理解。

第一节 学前儿童智力的发展

一、智力的概念

在心理学中，由于智力结构的复杂性，关于智力的概念也众说纷纭。

西方心理学家对智力的界定主要有以下观点：（1）桑代克认为，智力表现为学习的速度和效率，也是一种适当反应的能力。（2）斯腾伯格认为，智力是有机体对新环境完善适应的能力。（3）韦克斯勒认为，智力是一个人有目的地行动、合理地思维和有效地处理环境的综合的整体能量。（4）皮亚杰认为，智力是思维或行动的适应性。（5）比奈和西蒙认为，智力是抽象思维和推理能力，是问题解决和决策的能力。

我国心理学家对智力的定义可以归纳为四种：（1）林传鼎认为，智力就是能力。（2）吴天敏认为，智力是一种先天素质，是大脑神经活动的结果。（3）燕国材、朱智贤等认为，智力就是认识能力。（4）陈孝禅认为，智力是一种顺应和适应能力。

目前，我国心理学界对智力的认识逐渐趋于统一，一般认为，智力是指个体认识方面的各种能力的综合，包括观察力、注意力、记忆力、思维力、想象力等，其中，抽象逻辑思维能力是智力的核心。

二、智力结构理论

（一）斯皮尔曼的二因素说

英国心理学家斯皮尔曼（C. E. Spearman）是最早用因素分析的方法对智力结构进行研究的人，他于 1904 年提出了智力结构的“二因素说”。

斯皮尔曼认为，人类智力包含两种因素：一是一般因素，简称 G 因素。人的所有智力活动，如学习文化知识、制订行动计划、完成作业等，都与 G 因素有关，即每一项智力活动中都包含着这种一般因素。G 因素数量的高低决定着智力活动的效率。二是特殊因素，简称 S 因素，是在完成某种特定的智力活动时所需要的因素。

他通过研究发现人类主要有五种特殊因素：言语能力、计算能力、机械能力、注意力、想象力。完成一项活动需要 G 因素和某种 S 因素共同参与。斯皮尔曼又认为，人的 G 因素来自先天遗传，主要表现在一般性的活动中，从而显示个人能力的高低。S 因素代表人的某种特殊能力，只与特定生活活动有关，是个人在某方面表现出的异于别人的能力。

根据斯皮尔曼的这一理论，我们就可以解释为什么有些智力落后的儿童，虽然他们的一般智力低于正常儿童，但是却拥有一些特殊的能力。比如，有些智力落后的儿童拥有绘画天赋，有些拥有音乐才能，还有些可能对数字特别敏感等。因此，不应该忽略对智力落后儿童的教育。

（二）瑟斯顿的群因素论

群因素论又称"基本心理能力论"，是美国心理学家瑟斯顿（Louis L.Thurstone）提出的智力理论。他反对斯皮尔曼的一般因素理论，认为智力是由许多彼此不相关的因素构成的。他用多因素分析的方法，分析出智力由七种彼此无关的因素组成，这七种因素分别是：计算能力（N）、词语理解（V）、空间能力（S）、词语流畅（W）、推理能力（R）、联想记忆（M）、知觉速度（P）。而这七种智力因素的不同配搭便构成每一个人独特的智力整体。

但在后期研究中，瑟斯顿通过测量发现这七种因素并不是彼此独立的，它们之间有一定的相关量。例如，推理能力与词语流畅的相关量为 0.48；计算能力与词语理解的相关量为 0.38；词语流畅与词语理解的相关量为 0.51。这似乎说明在群因素之外还存在着一般因素。于是瑟斯顿修改了关于各因素之间独立性的看法，提出二阶因素的概念，即在彼此相关的第一阶因素的基础上，再度进行因素分析，但此时分析的不再是各种测验间的共同因素，而是各种因素间的共同因素。

（三）吉尔福特的智力三维结构理论

美国心理学家吉尔福特（Guilford）认为人的智力结构可以从三个方面来研究，分别是智力活动的内容、操作和产物。内容即智力活动的对象，操作即智力活动的过程，产物即智力活动的结果。由此构建出一个三维结构模型，即智力结构（见图 6－1）。通过进一步研究，他认为每一个维度又有多种成分，内容包括视觉、听觉、符号、语义、行为，操作包括认知、记忆、发散思维、聚合思维、评价，产物包括单元、类别、关系、系统、转化、蕴含。

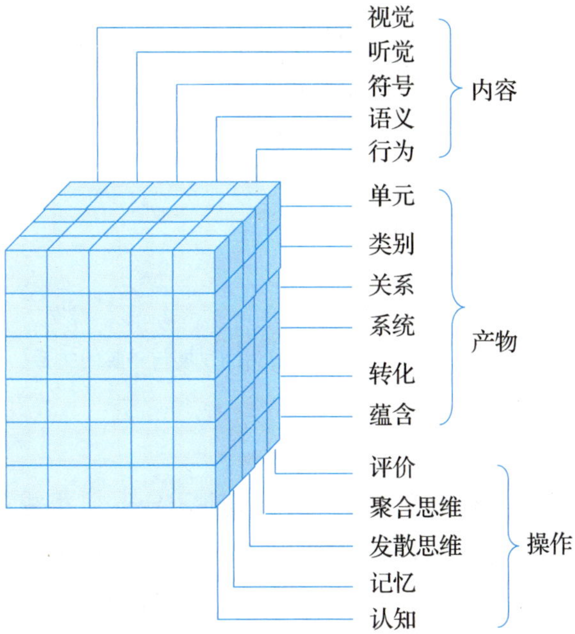

图 6-1 吉尔福特的智力三维结构模型

这三个维度构成一个立方体。由于内容有 5 种，操作有 5 种，产物有 6 种，按照排列组合的原理，一共可以得到 150（5×5×6）种结合。每一种结合代表一种智力。吉尔福特宣称他基本上发现了这 150 种智力。

（四）卡特尔的智力结构理论

美国心理学家卡特尔（R.B.Cattell）等人，根据智力功能上的差异，将智力分为流体智力和晶体智力两种不同的形态。流体智力（又称为液体智力）是指在信息加工和问题解决过程中所表现出来的能力，对事物的知觉、记忆、运算速度和推理等能力均属流体智力。例如，反应速度、瞬间记忆等都属于流体智力。这些智力大多与先天遗传因素有关。晶体智力（又称为固体智力）是指与知识经验的积累有关的能力，大多是后天学习的结果，与社会文化有关。如词汇、计算、知识的广度、判断等方面的能力均属于晶体智力。任何一项智力活动中都包含着这两种智力，很难把它们分开。一些研究表明，二者的发展趋势在人的一生中是不同的。流体智力的发展与年龄有密切的关系，一般人在 20 岁以后，流体智力的发展达到顶峰，30 岁以后将随年龄的增长而降低。晶体智力与后天的学习和经验的积累有关，所以在人的一生当中，晶体智力一直在不断发展，可能到 60 岁以后才缓慢衰退。如图 6-2 所示。

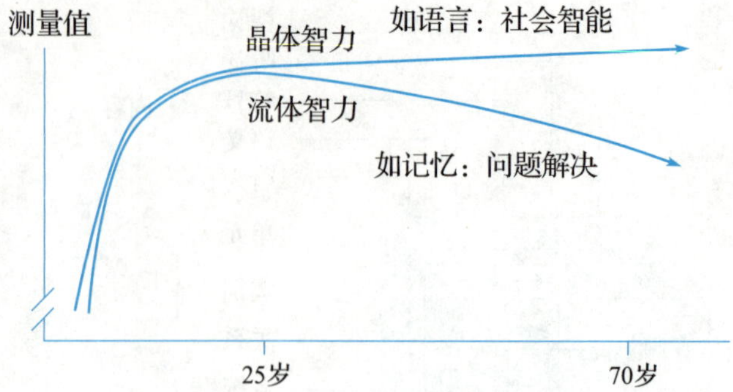

图 6-2　晶体智力、流体智力的发展与年龄的关系

（五）斯滕伯格的智力理论

美国心理学家斯滕伯格 1985 年出版了《超越 IQ——人类智力的三元理论》一书，在这本书中他提出了智力的三元理论。他认为智力包括三个部分，即成分智力、经验智力和情境智力，它们代表了智力操作的不同方面。

成分智力是指个人解决问题时的能力，是三元理论的核心成分。成分智力又包括元成分、操作成分和知识获得成分。元成分属于计划、控制和决策的高级执行过程，如确定问题的性质，选择解题步骤，调整解题思路，分配心理资源等；操作成分负责执行元成分的决策，进行认知加工操作；知识获得成分指获得和保存新信息的过程，它负责接受新刺激，作出判断与反应，以及对新信息进行编码和存储。

经验智力是指个人运用已有经验解决新问题时的能力。它包括两种能力，一种是处理新任务和适应新环境时所要求的能力；另一种是信息加工过程自动化的能力。

情境智力是指个人在日常生活中的适应能力，表现为有目的地适应环境、改造环境和选择新环境的能力。

1996 年斯滕伯格又出版了《成功智力》一书，指出人生的成功，主要不是靠智商（IQ），而是靠成功智力。所谓成功智力，就是为了实现个人的以及自己群体或者文化的目标，而去适应环境、改变环境和选择环境的能力。成功智力也包括三种能力：创造性能力、分析性能力、实践性能力。创造性能力是一种产生新思想、新产品以及新理论的能力，它能帮助人们从一开始就形成良好的问题和想法。这种能力表现为敢于冒险、主动质疑、能够忍受不确定性、意志坚定等品质。分析性能力是一种分析和评价各种思想、解决问题和制定决策的能力。这种能力表现为能准确地辨认问题，并恰当地定义问题，然后形成有效策略，合理分配认知资源以及对自身的行为进行监控与评价。实践性能力是指能够将理论转化为实践，将抽象思想转化为实际成果的能力。这种能力表现为能够用所学知识解决实际问题，例如，有的人在学校学习成绩一般，但在现实生活中却表现优异，这就是实践性能力发展水平较高。具有成功智力的人能够在三者之间进行平衡，认识到自己的优势和劣势，然后想方设法地利用自己的优势，同时，能够弥补自己的劣势或者不足。

（六）加德纳的多元智力理论

加德纳在 1983 年出版的《智力的结构》一书中提出了一个新的智力的定义，即“智力是在某种社会和文化环境的价值标准下，个体用以解决自己遇到的真正难题或生产及创造出有效产品所需要的能力”。加德纳关于智力的看法是建立在对传统智力观点的批判的基础上的，他认为传统的智力只关注语言能力和抽象逻辑思维能力，而忽视了实际问题解决能力，这是不科学的。所以他特别强调了智力在个体解决实际问题中的应用。由此他认为智力的内涵是多元的，由八种相对独立、相互平等的智力成分构成，即语言智力、数理－逻辑智力、空间智力、音乐智力、身体－运动智力、社交智力、自我认知智力、自然观察者智力。这八种智力在个体身上以不同方式和不同程度进行组合，从而使个体的智力各具特色，这就是智力的差异性，这种差异性是环境和教育造成的，尽管在各种环境和教育条件下个体身上都存在着这八种智力，但不同环境和教育条件下个体的智力发展方向和程度有着明显的差异性。学校教育应该充分尊重每一个学生的智力特点，开发学生的多种智力，促进其全面又有个性的发展。

三、智力测验

智力测验（智商测验）是测量人的智力水平的一种方法。测量智力的工具称为智力测验量表。目前最常见的智力测验量表有以下几种。

（一）比奈－西蒙智力测验量表（简称 B－C 量表）

法国心理学家比奈和 T. 西蒙 1905 年出版了世界上第一个智力测验量表，主要是用于鉴定低能儿童。它是一种个别测验式的量表，最早由 30 个测验项目组成，测验内容包括儿童的感知觉、判断、推理、理解等方面的能力。

中国心理学家陆志韦曾两次主持修订比奈－西蒙量表。1924 年公布的《订正比奈－西蒙智力测验说明书》仅适用于江浙一带儿童；1936 年又进行了第二次修订，使之也可适用于北方儿童。陆志韦的修订本的测验内容共包括 54 个项目。1979 年吴天敏教授对比奈－西蒙量表进行了第三次修订，于 1982 年完成《中国比奈测验》，它可用于 2 ～ 18 岁的被测者。

（二）斯坦福 - 比奈量表（简称 S - B 量表）

斯坦福 - 比奈量表由美国斯坦福大学心理学家 L.M. 特曼于 1916 年发表，是对比奈量表的一个修订版。后又经过多次修订，成为目前应用较广泛的量表之一。该量表最大的特点是引入智力商数（IQ，简称智商）的概念。所谓智商，就是智力年龄（MA）与实际年龄（CA）之比，也称比率智商，是比较人的智力发展水平的相对指标。智力年龄决定于被试通过的测试题数目及其所属的年龄水平。每个年龄组有 6 道测试题，每一道测试题代表智力年龄 2 个月。智商的计算公式为：

$$IQ = MA \div CA \times 100$$

资料链接

S - B 量表中 5 岁组的测试题目

（1）画一张缺腿人的画。

（2）将一张纸叠成两层，成一三角形。

（3）给下列单词下定义：球、帽子、炉子。

（4）描一个正方形。

（5）辨认两张画片的异同。

（6）把两个三角形组成一个正方形。

（三）韦克斯勒学前儿童智力量表（简称 WPPSI 量表）

美国著名临床心理学家韦克斯勒先后编制了三个相互衔接的智力量表，分别是韦氏成人智力量表（WAIS），适用于 16 岁以上的成人；韦氏儿童智力量表（WISC），适用于 6 ～ 16 岁的儿童；韦氏学前儿童智力量表（WPPSI），适用于 4 ～ 6 岁半的儿童。

韦氏学前儿童智力量表（WPPSI）分为语言量表、操作量表两大部分，共有 11 项分测验。语言量表设常识、词汇、算术、类同、理解 5 个分测验和 1 个背诵语句的补充题。操作量表有动物房、图画补缺、迷津、几何图形、积木图案 5 个分测验。

韦克斯勒还制定了新的智商计算方法，他主张采用离差智商，即通过与同年龄组的平均智商水平相比较来判断智商的高低。韦氏智力测验量表的得分分布是以 100 为平均值、15 为标准差的正态分布，得分在 70 ～ 130 分为正常，得分高于 130

分为智力超常，得分低于 70 分为智力缺陷。智商计算公式为：

$$IQ = 100 + 15Z = 100 + 15(X - M)/S$$

X 为某人实得分数，M 为某人所在年龄组的平均分数，S 为该年龄组分数的标准差。Z 是标准分数，其值等于被测人实得分数减去同龄人平均分数再除以该年龄组分数的标准差。

（四）婴儿智力测验量表

1. 格塞尔婴幼儿发展量表

格塞尔婴幼儿发展量表是由美国耶鲁大学的 A. 格塞尔及其同事制定的婴幼儿发展测量工具。该量表最初发表于 1925 年，后对它作了几次修订，1974 年修订版的测试对象为 4 周至 6 岁的儿童，主要针对 3 岁以下的婴儿，测试时间约 30 分钟。该量表主要诊断婴幼儿 4 个方面的能力：动作能、应物能、言语能、应人能。

动作能分为粗动作、细动作。粗动作包括抬头、翻身、坐立、爬行、站、走、跑、跳等能力；细动作主要指手指功能的成熟水平，表现为抓握物体、握笔涂鸦、逐页翻书、临摹画线等能力。这些动作能构成了对婴幼儿成熟程度估计的起点。

应物能是指对外界刺激物的适应能力，主要表现为感知外部刺激，并作出适当调节和反应的能力。如摆弄积木时找到能垒得更高的方法等。它反映了婴幼儿积累经验以解决新问题的能力。

言语能反映了婴幼儿听、理解、表达言语的能力。在婴幼儿与成人的交往活动中，可以通过婴幼儿的表情、动作、咿呀语言等来认知其语言理解和表达能力。

应人能是指婴幼儿的生活能力和与人交往的能力。如婴幼儿什么时候认人，什么时候学会自主大小便，什么时候会自己吃饭、穿衣等。

每个时期的儿童在这 4 个方面都有相应的行为范型，正常儿童的行为表现在这 4 个方面应当是平行的、相互联系并彼此重叠的[①]。

2. 贝利婴儿发展量表

贝利婴儿发展量表是由美国心理学家贝利（N.Bayley）等人于 1933 年制定的适用于从初生到 30 个月的婴儿的一种综合性量表。1992 年湖南医科大学的研究人员结合我国的实际情况，编制了中国城市修订版“贝利婴幼儿发展量表”（BSID）。它包括以下 3 个部分：

（1）运动量表，用于测查婴儿的粗大运动和精细动作。

（2）智力量表，用于测查婴儿的视觉与听觉对刺激物的反应、手眼协调的能

① 方璐．高危儿早期干预效果及其影响因素分析．杭州：杭州师范大学，2012.

力、语言的感受和表达能力以及认知能力等。

（3）行为记录，有 24 个项目，用于记录婴儿的情绪、合作性、对父母和实验员的反应、兴趣和注意的广度等[①]。

四、学前儿童智力发展的特点

（一）智力发展的一般趋势

1970 年贝利采用纵向研究方法，对相同一批被试在不同年龄阶段（从出生到 36 岁）使用贝利婴儿发展量表、斯坦福 - 比奈量表和韦克斯勒成人智力量表进行测量，结果发现，智力随年龄增长到 26 岁左右后，保持水平状态，到 36 岁开始下降。

美国心理学家布鲁姆通过研究提出了个体智力发展的假设，他说如果把 17 岁时所达到的普通智力水平看作 100%，那么从出生到 4 岁，就能获得 50% 的智力；从 4 岁到 8 岁又能获得 30% 的智力；而余下的 20% 的智力则是在 8 ～ 17 岁这个时期获得的。[②]

我国儿童心理学工作者通过研究也发现，4 岁前是儿童口语学习和形状知觉发展的最佳期；5 岁左右是掌握数概念的最佳期；5 岁以前是音乐能力发展的最佳期；7 岁是品德形成的最佳期。如果在这些关键期里能对学前儿童进行及时的教育和培养，就可以激发其潜能，使其能力得到最佳发展。

个体智力发展的一般趋势是先快后慢。学前儿童时期是智力发展最快速的时期，20 岁左右达到最高峰，然后保持此水平状态大约到 35 岁左右开始缓慢下降。

（二）学前儿童智力发展的个体差异性

个体差异，是指个体在成长过程中因受遗传与环境的交互影响而在身心特征上所表现出的彼此不同的现象。学前儿童智力发展的个体差异性主要表现在以下三方面。

1. 智力发展水平的差异

智力在不同个体身上有高低的差异。一般把智商超过 140 的儿童称为超常儿童；把智商低于 70 的儿童称为低常儿童或智力落后儿童；智商为 70 ～ 140 是中等水平，又分为不同层次。具体见表 6 - 1。

---

① 陈素霞. 贝利婴幼儿发展量表临床测试结果分析. 健康心理学杂志，2004（1）.

② 缑红梅. 浅析幼儿智力的开发与培养. 延安教育学院学报，1997（1）.

表 6－1 智商的分布

IQ	名称	百分比
140 以上	超常	1.33
120 ～ 139	优异	11.30
110 ～ 119	中上	18.10
90 ～ 109	中等	46.50
80 ～ 90	中下	14.50
70 ～ 79	临界	5.60
70 以下	智力落后	2.90

（1）超常儿童的特征。

超常儿童是指智商超过 140，在某些方面有特殊才能，或者在活动中有突出创造性表现的儿童。国外心理学界把这种儿童称为天才儿童。

美国学者弗伦奇把智商 140 以上的孩子的特征归纳如下：身体发育良好；能集中注意力；使用语言早；表达能力强；对因果关系理解得快；对不懂的问题有钻研精神；失败了也不灰心；情绪稳定。①

我国心理学工作者通过多年研究，得出超常儿童往往具有以下特征：说话早，走路早；兴趣广泛，好奇心强；学习速度快，喜欢接受挑战；知觉敏锐，观察力强；注意力集中，记忆力较强；有自信、坚毅和顽强的意志；有较高的创造力，思维流畅、灵活；适应能力强，情绪较为稳定。

（2）低常儿童的特征。

低常儿童的主要标志是智能发展水平及社会适应能力均低于同龄儿童。据抽样调查，我国的低常儿童约占全国总人口的 0.3%。

低常儿童的特征一般表现为：感知觉发展缓慢，知觉范围比较狭窄、笼统而不精确；记忆的保持性差，回忆难，所依赖的视觉表象贫乏，缺乏分化，且不稳定；思维发展水平较低，进行抽象和概括有一定困难；在个性上比正常儿童更易沮丧，对成人常抱有敌意，情绪紧张、压抑、缺乏自信，常常以失败的心情来对待自己所做的事情。

低常儿童的心理水平和行为能力并非都是相同的。我国心理工作者与医务人员参照国外资料，将低常儿童划分为轻、中、重三级，其特点或行为指标如下：

轻度：生活能自理，能从事简单劳动，有连贯语言，但学习吃力，特别是掌握数概念和进行计算有困难。

① 刘三朋 . 神童基本特征归纳最新研究 . 现代特殊教育，1999（2）.

中度：生活能半自理，动作不太协调或部分有障碍，只会使用简单的言语表达生活需求，不能数数和计算。

重度：生活不能自理，动作有困难，缺乏语言，或只会发单音，不识数。

资料链接

中国社会科学院心理研究所查子秀教授认为，超常儿童具有下列特征：

1. 认知兴趣浓厚，求知欲旺盛。他们很小就表现出强烈的好奇心，不仅对知识有浓厚的兴趣，而且视学习如游戏般轻松。

2. 思维敏捷，有独创性。超常儿童在日常生活和学习中表现出善于概括的非凡能力，能抓住实质，迅速灵活，有策略、有创造性地解决问题。

3. 知觉敏锐，观察力强。许多超常儿童的视听觉辨别能力较强，如能理解汉字的组成。同时，他们的观察是有目的和有条理的，能抓住观察物的主要特点。

4. 注意力集中，记忆力较强。超常儿童的注意力能高度集中在感兴趣的事情上，而且记忆力强，记忆快，保持时间长。

5. 进取心强，自信，有坚持性。超常儿童都比较自信、好胜。特别突出的是有倔劲，要想学什么、干什么，非学好或干好不可，尤其是能排除干扰，表现出坚毅、顽强的个性特点。

2. 智力结构的差异

智力有各种各样的成分，它们可以按不同的方式结合起来。各智力成分的不同结合，构成了智力结构上的差异。

例如，在想象力方面，有的儿童再造想象发展水平较高，而有的儿童却有着丰富的创造想象。在记忆力方面，有的儿童擅长听觉型记忆，而有的儿童视觉记忆发展水平较高。在音乐能力方面，有的儿童有高度发展的曲调感和听觉表象能力，而节奏感较差；有的儿童有较好的听觉表象能力和强烈的节奏感，而曲调感差。

3. 智力的性别差异

心理学的许多研究发现，整体而言，男女在一般智力因素上没有性别差异，但是在智力发展的某些方面存在着一定的差异，主要表现为以下几个方面：

（1）智力分布情况有所差异。大多数研究都认为，男孩的智力分布较分散，处于智力发展两端的人数要比女孩多，也就是超常儿童和低常儿童的人数都比女孩多；而女孩的智力分布较集中。

（2）在智力活动的某些方面各有优势。研究表明，女孩的言语表达能力优于男孩，所以女孩往往说话早，词汇较丰富，而男孩在判断推理能力以及操作能力方面常常胜于女孩；在触觉、痛觉及听觉分辨方面，女孩往往有优势，而男孩的视觉分辨和空间能力优于女孩；等等。

（3）特殊能力方面存在差异。一般来说，女孩表演才能占优势，而男孩在运动方面占有优势；在计算方面，儿童期女孩有优势，中学以后男孩占优势；等等。

五、学前儿童智力的开发

（一）重视早期教育

从智力发展的趋势可知，学前儿童时期是智力发展最快速的时期，人的智商的60%左右都在此时期获得，因此早期智力的开发十分重要。智力的发展与大脑的发育紧密相关，在学前儿童阶段，通过科学教育，可以刺激幼儿大脑神经系统的发育，反之可能会使部分脑细胞出现萎缩。幼儿一旦错过大脑生长发育的关键期，脑组织结构就会趋于定型，潜能的开发就会受到抑制，即使有优越的天赋，后期也无法获得良好的发展。

巴甫洛夫曾做过这样的实验：将同时生下来的同样重的小白鼠分成两组，一组在大房间，里面光线充足，声音刺激丰富，还有各种各样的玩具等，小白鼠可以自由追逐玩耍；另一组小白鼠，每只关一个笼子，那里没有光线，没有声音，没有玩具，没有伙伴。虽然有同样充足的营养，但19天以后，通过观察它们的行为发现，前一组小白鼠机敏灵活，人抓不住它；后一组小白鼠呆头呆脑，人去抓它，它也不知逃跑。对两组小白鼠抽样解剖，发现前一组小白鼠的大脑生出许多树状突和轴状突，而后一组小白鼠脑组织呈萎缩状态，重量轻，体积小。后期对两组小白鼠进行相同的训练，但是后一组小白鼠的智力发展水平远远落后于前一组小白鼠。

早期教育的具体形式主要表现为以下几个方面：

1. 智力开发最好的形式是游戏

游戏是学前儿童最喜欢的活动，也是促进学前儿童智力发展的有效手段。游戏中有情节、动作、玩具和游戏材料，符合学前儿童认知特点，儿童在游戏中能自发地进行探索。游戏可以发展儿童的感知觉能力、想象力、注意力，培养其主动性、创造性、自主性，还可以发展其丰富的情感，使其形成良好的行为品质等。

2. 音乐教育

苏霍姆林斯基说："没有音乐教育，就不可能有合乎要求的智力发展。"科学实践证明，音乐在早期教育中对学前儿童智力的开发有着特殊的作用，是儿童大脑极好的精神营养品。

据中国优生优育协会少儿教育委员会委员、武汉大学婴幼儿智力开发中心杨健教授介绍：音乐能调节大脑功能，提高学前儿童的记忆力、想象力和思维能力，还可陶冶其美好心灵，培养高尚情操，给人以鼓舞和力量。

日本幼儿开发协会的母亲们曾作过实验：当她们的孩子出生时，其容貌和神态与普通婴儿无异，然而在给他们听了四个月的莫扎特小夜曲之后，其表情和动作比别的孩子显得活泼些，眼睛特别亮，很有神，因而显得容貌也漂亮些[①]。

3. 言语训练

人类的思维活动是借助语言来实现的，没有语言的发展，就没有人的心理发展，更谈不上智力发展。研究表明，智力落后儿童的言语发展水平普遍较低，表现为发音不准、词汇贫乏、口头表达能力差、语法简单等。对他们进行一段时间的言语训练后，其智力发展水平都得到了相应提高。而言语发展的关键期又在5岁以前，错过这个时期言语训练的效果将大打折扣。所以促进学前儿童智力开发，应注重学前时期的言语训练。

（二）创建宽松的心理环境

宽松的心理环境是指儿童可以自由表达、自主行动，不必担心会受到惩罚和嘲笑，不必担心犯错误，可以感受到来自周围的真心关爱，有着强烈的安全感。在这样的环境中儿童会产生一种愉快的、积极的情绪，使他们能够全身心地投入到各种活动中，积极思考，主动尝试，大胆创新，从而有利于其智力的发展。所以，不管是家庭教育还是学校教育，都要为儿童提供宽松的心理环境，创造充满温暖和爱意的氛围，不要提出过高要求，要合理地满足他们的需要，要给他们提供活动的自由，不要过多地限制他们，帮助他们形成健康的人际关系。

（三）重视非智力因素的培养

不可否认智力因素在儿童的成长过程中占主导地位，但如果没有非智力因素，个体也很难成功，或很难持续地成功。如果一个人性格孤僻、怪异、不易合作，自卑、脆弱，不能面对挫折，急躁、固执、自负，情绪不稳定，那么他智商再高也很难有成就。另外，非智力因素参与智力活动，可以使认知活动得以持续，从而促进

① 秦赢．音乐对幼儿智力开发的影响．艺术教育，2013（8）．

智力的发展。

学前儿童非智力因素的培养主要包括：培养好奇心和探索精神，培养自信心和坚持性，让儿童学会接受批评，同时还要培养儿童的幸福感等。

第二节　学前儿童创造力的发展

一、创造力的概念

创造力是人们在创造性地解决问题过程中表现出来的一种个性心理特征，是指根据一定的目的，运用一切已知信息，创造出某种新颖、独特、有社会或个人价值的产品的能力，其核心是创造性思维能力。创造力对一个人、一个民族，乃至一个国家都有着举足轻重的作用。有了创造力，个体才会有提高，国家才会发展，社会才会进步。简单来说，人类社会发展的历史，就是一部创新的历史。

有人认为，创造力较高的人通常有较高的智力，但智力高的人不一定具有卓越的创造力。西方学者的研究表明，智商超过一定水平时，智力和创造力之间的区别并不明显。创造力与一般智力的区别在于它的新颖性、独创性和有价值意义。吉尔福特认为创造力的核心是发散思维，发散思维有三个特征，即变通性、流畅性和独特性，可以通过对其特征的测量来判断个体创造力发展水平的高低。

二、学前儿童创造力的特点

我国创造教育的先驱陶行知先生曾指出：“处处是创造之地，天天是创造之时，人人是创造之人。”学前儿童因其知识经验的贫乏，周围的一切对他们来说都是新鲜的、有趣的，儿童会主动去探索。例如，婴儿会把东西放在嘴巴里、用手摇晃铃铛发出声音，再长大一点儿，幼儿喜欢拆卸物体或问各种各样的问题等，这些都是儿童创造力的表现。

然而学前儿童的创造力和成人不同，具有特定年龄阶段的发展水平和特点，具体表现为以下几点。

（一）模仿性

模仿是创造的基础，也是儿童学习的最初形式，通过模仿儿童逐渐获得了关于动作、事物间联系的知识经验，理解了先前不能理解的东西，这本身也是一个创造的过程，所以说模仿和创造不是对立的，而是相互联系、相互转化的。

（二）情景性

美国创造心理学家泰勒根据产品新颖独特性和价值大小的不同，将创造力从低到高划分为5个层次：表达式创造、技术性创造、发明式创造、革新式创造和突现式创造[①]。泰勒指出，在这5个层次的创造力中，表达式创造是指以自由和兴致为基础，因情境而产生，随兴致而感发，但是却具有某种创意的行为表现。学前儿童的创造力往往属于此类型，以情境为基础，没有特定的目标和计划，随意而起。例如，在玩角色游戏“医生给病人看病”时，一位“病人”要求做“心电图”，可是“医生”事先没有准备仪器，于是他灵机一动，找来一些绳子临时制作“仪器”给“病人”检查。

（三）发展性

学前儿童的创造力是随着年龄的增长、生活范围的扩大而逐步增强的。国外一些研究也表明：儿童从婴儿到幼儿，幻想中创造性想象的成分渐多，精确性逐渐上升。玛克（Mark）在一项研究中，曾给幼儿一些积木、木偶、厨房餐具等玩具，让他们尽可能多地搭建物体。结果发现，年长儿童不仅活动的时间长于年幼儿童，而且发散思维、创造性想象的成分也多于年幼儿童。

（四）自发性

学前儿童的行为往往是以自发性的行为，即由自己发动、自己调控的行为为主。学前儿童在生活中或在游戏活动中对他们所接触的问题和现象会主动探索，从而获得一些新的发现。例如，学前儿童要拿高处的物品，因其个子矮够不到而努力尝试，偶尔一次他的脚碰到了旁边的小凳子，借助小凳子他拿到了高处的物品，由此他就会反复地踩着东西爬高，并乐此不疲。这样的自发性学习活动能够激发学前儿童的内部学习动机，促使其主动探索。

（五）不平衡性

学前儿童的创造力是有差异的。有的儿童创造力较强，而有的儿童创造力则较弱；有的儿童创造力显露得较早，而有的儿童则显露得较迟；有的儿童在某一方面的创造力较高，而有的儿童则在其他方面的创造力较高。学前儿童在不同领域的创造力也是不同的。

（六）无价值性

学前儿童的创造活动是其生活经验的积累，而这些经验基本上都是成人已经掌

---

① 王小英．幼儿创造力发展的特点及其教育教学对策．东北师大学报，2005（2）．

握并能在生活中熟练运用的，对于社会发展和进步来说没有什么价值，只是对儿童来说获得了新的知识，促进了自我成长。

三、学前儿童创造力的培养

爱因斯坦说："创造力比知识更重要，因为知识是有限的，而创造力几乎概括了这个世界的一切，它推动技术进步，它甚至是知识的源泉。"培养学前儿童的创造力是非常重要的。因为创造力是思维的重要组成部分，又和智力密切相关，所以前面我们所提到的思维以及智力培养的方法和手段都适用于创造力的培养，除此之外，我们还可以从以下几点入手。

（一）善待学前儿童的"淘气"行为

生活中有些孩子很淘气，比如，有的孩子爱说话，只要一睁开眼就说个不停，跟爸爸妈妈说、跟小朋友说、跟他的布娃娃说；有的孩子顽皮爱动，看到什么新鲜的都想摸一摸、玩一玩，一刻也闲不下来；有的孩子总喜欢搞破坏，所有玩具都要被他拆卸一遍；有的孩子总喜欢指挥别人，属于"孩子王"；等等。其实，这些行为恰恰是学前儿童创造性的表现。美国心理学家托伦斯指出，创造力高的儿童多数具有三个让人"讨厌"的特点：（1）顽皮、淘气；（2）不遵从规则；（3）处事灵活，不固执。古今中外，很多发明家、科学家在幼儿时期也被认为是淘气的孩子，如爱迪生趴在鸡窝孵小鸡，达尔文将毒虫子含在嘴里，但正是他们敢于尝试、敢于冒险的"淘气行为"，才使他们有了重大发现。儿童教育家陈鹤琴先生曾说："儿童本性中潜藏着强烈的创造欲望，只要我们在教育中注意诱导，并放手让儿童实践探索，就会培养出创造能力，使儿童最终成为出类拔萃的符合时代要求的人才。"所以我们不要总要求孩子听话，循规蹈矩，那样会扼杀孩子的天性，使他们成为平庸的人。家长和教师要善于发现孩子创造力的萌芽，善待孩子的"淘气"行为，保护孩子最原始的创造意识和创新精神。

（二）学前儿童自由表达的空间

渴望自由是人的基本需要，对于学前儿童来说，他们更喜欢自由，因为他们还没有规则意识，还不能有效约束自己的行为，他们总是以自我为中心，随心所欲。精神分析学派认为，儿童时期他们的行为主要受本能驱动，与内部动机有关，是自主性和主动性发展的时期，所以家长和学校应为孩子创造自由民主的环境，使幼儿能够自主地、主动地参与活动和学习，这样才能激励他们敢于创造的热情。

（三）保护学前儿童的好奇心

学前儿童天生就是探索者，他们觉得一切都很新奇，对任何事物都充满兴趣。例如，刚出生的婴儿，会用眼睛去观察周围的事物，用小手去触摸身边的东西，用小嘴去吮吸、品尝食物的味道，用耳朵去倾听来自不同方向的声音，虽然只是单纯的感觉，却也是探索世界的第一步。随着年龄的增长，他们看到新鲜事物还会提出各种各样的问题，如“这是什么”“为什么花有各种各样的颜色”“雨从哪里来”等等。这正是他们的好奇心和强烈求知欲的表现。所以教师和家长要精心呵护孩子的好奇心和求知欲，让他们永远保持对周围事物的探索兴趣，因为这是孩子不断创新的源泉。例如，在吃饭时，2 岁的童童看到大人喝酒喝得很开心，也吵着要喝酒，爸爸说：“这是大人的饮料，孩子不能喝。”越是这样，孩子越闹着要喝，于是妈妈说：“没事儿，让孩子尝一口，知道是什么味道，他就不想要了。”然后妈妈拿起筷子蘸一点酒放进童童的嘴巴里，童童品尝后，皱着小脸，显然是觉得不好喝，然后也没再吵着要，自己便去旁边玩了。这个例子中，妈妈的做法就满足了童童的好奇心。试想一下，如果我们不同意孩子去尝一下酒，反而用吓唬的方式告诉他，小孩子不能碰，他下一次还是会好奇，而且对酒会更感兴趣，然后就是大人们的再拒绝，反复 2 次，虽然压制住了孩子对酒的好奇心，但也使孩子失去了对新鲜事物的兴趣。

（四）激发学前儿童的想象力

创造离不开想象，创新必须以想象为基础。想象是创造的先导，是从模仿到创造的阶梯。只有丰富儿童的想象，学前儿童的创造能力才能得到较好的发展。乐于想象是儿童的天性，儿童的想象是奇特的，也是极其纯洁和美丽的。一个白粉笔点儿在儿童眼中可以变成星星、小白兔的眼睛、水珠、沙子……作为教师，需要正确地启发他们展开想象的翅膀，这样各种各样的问题和答案就会从儿童的嘴里说出，而这些，又为儿童创新能力的培养奠定了基础。

（五）进行创造性思维训练

创造性思维是创造力的核心，要开发儿童创造性思维的潜能，必须围绕创造性的认知特征，以多种科学方法训练儿童思维的流畅性、变通性、独创性。

最常见的是用列举法训练儿童的创造性思维。例如，给出一个常见的物品，请他们尽可能多地说出其用途，如水有什么用，石头有什么用等。也可以结合他们的音乐、美术等课程进行训练。例如，在美术课上，给每人一张画着圆的纸，请他们在上面随意涂画变成新的图案等。

总之，在进行创造性思维训练的时候，要结合儿童的认知发展特点，以直观具体形象的思维成果为出发点，激起他们的兴趣和创造热情，及时对他们的创造性行为进行强化，不断提高儿童的创造力发展水平。

资料链接

美国马萨诸塞州布兰迪斯大学教授亚曼比尔，提出了下列4项训练儿童创造力的技巧：

（1）戏剧方式。假装不能用语言沟通，必须通过哑剧、手势及脸部表情传递彼此的信息。可假扮饭店、机场或公园里的人，然后给儿童一叠纸、铅笔或蜡笔，让他们画出对方演出来的情节。

（2）小小的私人画廊。让儿童知道他画画只是因为自己乐在其中，而非取悦任何人。这样，儿童就能将自己的艺术天赋自由地展现出来。在他的房门上挂上黑板或画架，可以让他自由创作、捕捉灵感。

（3）自制不花钱的礼物。鼓励儿童在需要给别人送礼物时，自己动手做。这种礼品是金钱买不到的，孩子自己创作显得特别可贵，对儿童很有鼓励意义。例如，可鼓励他写下自己创作的童话故事及自制各式儿童玩具等。

（4）玩“过家家”游戏。让儿童扮演大人角色，在家设宴请客，练习款待客人的礼节等。

培养儿童的创造力可以帮助他们更好地面对未来复杂的社会，知道如何学习、选择及独立解决问题，而非事事依赖父母。只有注重儿童创造力的培养，中华民族的未来才会充满希望。

本章小结

智力是指个体认识方面的各种能力的综合，包括观察力、注意力、记忆力、思维力、想象力等，其中，抽象逻辑思维能力是智力的核心。常见的智力测验量表包括：比奈－西蒙智力测验量表（简称B－C量表）、斯坦福－比奈量表（简称S－B量表）、韦克斯勒学前儿童智力量表（简称WPPSI量表）、格塞尔婴幼儿发展量表、贝利婴儿发展量表等。学前儿童智力发展的个体差异性表现为：发展水平的差异、结构的差异和性别的差异。学前儿童智力开发的方法主要有：重视早期教育；创建宽松的心理环境；重视非智力因素的培养等。

创造力是指根据一定的目的，运用一切已知信息，创造出某种新颖、独特、有社会或个人价值的产品的能力。学前儿童的创造力具有下列特点：模仿性、情景性、发展性、自发性、不平衡性、无价值性。学前儿童创造力的培养可以从以下几点入手：善待学前儿童的“淘气”行为；给学前儿童自由表达的空间；保护学前儿童的好奇心；激发学前儿童的想象力；进行创造性思维训练等。

本章主要内容如图所示：

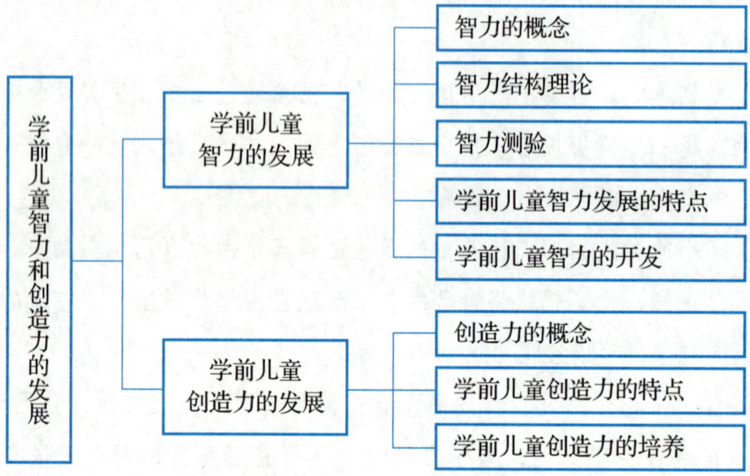

同步练习

一、名词解释

智力　创造力

二、简答题

1. 简述常见的智力结构理论。
2. 学前儿童智力发展的个体差异性表现在哪些方面？
3. 促进学前儿童智力和创造力发展的方法和策略有哪些？
4. 学前儿童的创造力有什么特点？

三、活动设计题

促进学前儿童的智力和创造力的发展往往是在日常的活动中进行的。例如，带领儿童参观动物园，让他们注意听每种动物的叫声是什么样的，并进行模仿。回到教室，教师可以播放每种动物的叫声让儿童进行辨别。在这个活动中，儿童的观察力、注意力、记忆力以及思维能力得到了发展，而这些内容正是儿童智力发展的重要组成部分。

请根据此提示设计具体的教学活动。

第三部分

学前儿童情绪、个性和社会性的发展

第七章　学前儿童情绪和情感的发展

学习目标

1. 掌握学前儿童的基本情绪与高级情感及其发展特点。

2. 初步掌握促进学前儿童情绪情感发展的策略。

3. 掌握学前儿童意志发展的特点。

4. 初步掌握学前儿童意志培养的策略。

学习重难点

1. 重点：学前儿童的基本情绪与高级情感及其发展特点；学前儿童意志发展的特点。

2. 难点：促进学前儿童情绪情感发展和意志培养的策略；学前儿童意志培养的策略。

教学建议

教师课前安排学生搜集相关学习资料引发学生思考，课上除讲授新知识外，还可以以小组的形式展开讨论并给予回应，调动学生学习的积极性。

第一节 情绪和情感概述

在现实生活中，我们经常会用开心、兴奋、害怕、恐惧等来形容外界事物的影响所引起的内在心理感受。我们对情绪和情感都有着自己独特的理解，而且年龄越小，这种感受对个体的心理与行为影响越大。因此，对情绪和情感相关理论的学习与掌握至关重要。

一、情绪的含义及分类

情绪是指因外部事物是否符合个体本身需要而产生的主观体验，它伴随着一系列复杂的行为变化，包含生理、表情与体验三种基本成分。情绪与人体的中枢神经系统、自主神经系统、大脑两半球以及内分泌系统有紧密的关系。如害怕、焦虑伴随着呼吸加快、心率加速、出汗等，就是情绪伴随的自主神经系统的变化。另外，人体的面部表情与声音等都是外在情绪的表现。学前儿童已经具备了一些基本的表情模式，如微笑、大哭、鬼脸、大笑等表情都可以明显地表现情绪状态。再者，情绪的体验成分是个体在情绪状态下的主观感受或认知判断（Izard 等，1984），一个人对情绪的解释和评价，依赖于其认知水平的发展与原有经验。如说“我很高兴”，个体必须认识到与“高兴”相关的内部和外部线索。

关于情绪的分类，自古以来就有很多记载。《礼记》中将情绪分为七种，即喜、怒、哀、惧、爱、恶、欲；《白虎通义》中将情绪分为六种，即喜、怒、哀、乐、爱、恶。依据不同的标准可以对情绪有不同的分类，但能够发现其中有四种共同的基本情绪，即快乐、愤怒、恐惧和悲哀，这四种情绪是与生俱来的，也是人和动物共有的。根据情绪发生的状态，可以将情绪分为心境、激情和应激三种。

（一）心境

心境是一种微弱、平静且持久的情绪状态，具有弥漫性。它不是关于某一特定事物的特定体验，而是以同样的态度来对待一切事物。当心情愉悦时，看什么、做什么都是美好的，也就是我们生活中所说的“人逢喜事精神爽”；相反，当心情低落时，良辰美景也提不起兴致。所谓“忧者见之而忧，喜者见之而喜”，正是对心境的写照。

虽说情绪具有情境性，但心境中的喜悦、悲伤、生气、恐惧却能维持较长的时间，有的甚至成为人一生的主导心境。如有的人命运多舛，却总是以坚强乐观的心境面对生活；有的人觉得命运对自己不公平，心境总是抑郁愁闷。

（二）激情

激情是一种强烈的、爆发性的、为时短促的情绪状态，类似于平时所说的激动。这种情绪状态通常是由对个人有重大意义的事件引起的。重大成功之后的狂喜、惨遭失败之后的绝望、亲人突然死亡引起的极度悲痛等，都是激情状态。和心境相比，激情在强度上更大，但维持的时间一般较短暂。

激情对人的影响有积极和消极两个方面。一方面，激情可以激发人内在的能量，形成巨大的动力，如我国发射卫星成功时人们的兴奋不已、我国运动员在国际比赛中取得金牌时的欣喜若狂，在这些激情中包含着强烈的爱国主义情感，是激励人上进的强大动力。另一方面，激情也有很大的破坏性和危害性，激情状态下人往往出现“意识狭窄”现象，即认识活动的范围缩小，理智分析能力受到抑制，自我控制能力减弱，进而使人的行为失去控制，甚至做出一些鲁莽的行为或动作。一些青少年犯罪，就是因为一时难以自控，在激情的冲动下任性而为，不计后果，酿成大错。要知道，任何人对在激情状态下的失控行为所造成的不良后果都是要负责任的，所以要善于控制自己的激情，做自己情绪的主人。在生活中应该适当地控制激情，多发挥其积极作用。

（三）应激

应激是指意外情况引起的急速而高度紧张的情绪状态。人们遇到某种意外危险或面临某种突发情况时，必须集中自己的智慧和经验，动员自己的全部力量，迅速作出选择，采取有效行动，此时人的身心处于高度紧张状态，即为应激状态。例如，飞机在飞行中，发动机突然发生故障，驾驶员紧急与地面联系着陆；正常行驶的汽车遇到意外故障时，司机紧急刹车；旅途中突然遭到抢劫；日常生活中突然遇到火灾、地震等。在这些情况下人们所产生的特殊紧张的情绪体验，就是应激状态。

应激状态的产生与人面临的情境以及人对自己能力的估计有关。出现应激状态时，有的人急中生智，当机立断，集中全部精力去应付突变，从而化险为夷；有的人则惊慌失措，目瞪口呆；还有的人多余动作增多，出现一些盲目的无效活动。

二、情感的含义及分类

情感是指因外部事物是否符合个体本身的社会性需要而产生的主观体验。鲁迅说："无情未必真豪杰。"这里的"情"，指的就是情感而不是情绪。社会情感的交往对象多数是人，但也有人以外的事物。例如，乡情中既有对故乡人的依恋之情，也有对故乡土的怀念之情；爱岗敬业是对所从事职业的热爱之情等。

人类高级的社会情感主要有道德感、理智感和美感。

（一）道德感

道德感是根据一定的道德标准评价人的思想、观念和行为时所产生的主观体验，是一种高级形式的社会情感。在社会主义国家，崇尚爱国主义、集体主义、见义勇为和互帮互助等情感。

道德感按其内容可分为对民族、祖国的自豪感和尊严感；对社会劳动和公共事务的责任感、义务感；对集体的集体主义感、荣誉感；国际主义情感等。

（二）理智感

理智感又称智慧感，是在智力活动过程中认识和评价事物时所产生的情绪体验。这类感情与人的认识活动、求知欲、人生观、世界观等有着密切的联系，是人们从事学习活动和探索活动的动力。当一个人认识到知识的价值和意义时，就会不计名利得失，以一种忘我的奉献精神投入到学习和工作中。人们越积极地参与智力活动，就越能体验到强烈的理智感。

理智感的表现形式有：人们在探索未知的事物时所表现出的求知欲望、认识兴趣和好奇心；在解决问题过程中出现的迟疑、惊讶、焦虑以及问题解决后的喜悦、快慰；在评价事物时坚持自己见解的热情；由于违背和歪曲了事实真相而产生的羞愧；对谬误与迷信的鄙视和憎恨；等等。

（三）美感

美感是根据一定的审美标准评价事物时所产生的情感体验。在客观世界中，凡是符合人们审美标准的事物都能引起美的体验。人在感受美的时候通常会产生一种愉快的体验，而且表现出对美的客体的强烈的倾向性。由于不同民族、不同阶层的人们对美的评价标准不尽相同，对美的体验自然也不同。如有的人喜欢花好月圆的美，有的人却喜欢残缺的美；有的人喜欢精致绚丽的美，有的人却喜欢悲壮苍凉的美。

美感主要由两方面引起：一方面是客观景物，如桂林山水的秀丽、内蒙古草原的苍茫、故宫的绚丽辉煌、长城的蜿蜒壮美，使人体验到大自然的美和人的创造之美；另一方面是人的容貌举止和道德修养，有时一个人的善良、淳朴、率直、坚强的品质，比身材和外貌更能体现人性之美。

三、情绪与情感的关系

情绪与情感既有区别又有联系。二者的区别具体表现为以下几个方面：

（1）情绪出现较早，多与生理性需要相联系；而情感出现较晚，多与社会性需要相联系。婴儿一生下来，就有哭、笑等情绪表现，而且多与食物、水、温暖、睡眠等生理性需要相关联；情感是随着个体心智的成熟和社会认知的发展而产生的，多与求知、交往、艺术陶冶、人生追求等社会性需要相联系。因此，情绪发生较早，是人和动物共有的，而情感是人类特有的，是个体发展到一定年龄阶段才产生的。

（2）情绪具有情境性和暂时性，而情感具有深刻性和稳定性。情绪往往随着某种情境的出现而产生，又随着情境的变化而消失。所以，人的情绪往往容易变化，很难持久。而情感是在多次情绪体验的基础上形成的稳定的态度体验，是稳定的、持久的。例如，对一个人的爱和尊敬，可能是一生不变的。

（3）情绪具有冲动性和明显的外部表现，而情感则比较内隐。人在情绪的左右之下往往不能自控，高兴时手舞足蹈，郁闷时垂头丧气，愤怒时又暴跳如雷。情感则更多是内心的体验，深沉而久远，不轻易流露出来，如人们对自己祖国产生的自豪感和尊严感。

情绪和情感的区别是相对的，两者之间其实有紧密的联系。一般来说，情感是在多次情绪体验的基础上形成的，并通过情绪表现出来；反过来，情绪的表现和变化又受已形成的情感的制约。可以说，情绪是情感的基础和外部表现，而情感是情绪的深化和本质内容。人们在从事一项工作时，如果经常体验到轻松、愉快，时间长了，就会爱上这项工作；反过来，人们在与工作建立起深厚感情之后，会因工作的出色完成而欣喜，也会因工作中的疏漏而伤心。

四、情绪的发生与分化

（一）情绪的发生

大量观察和研究表明，婴儿自出生后就有情绪反应，这种反应是天生的。如新生儿呱呱坠地时的啼哭，就是原始情绪反应的表现。这种情绪反应与个体生理需要是否得到满足有直接关系。

（二）情绪的分化

婴儿出生后，在生理成熟和社会环境的作用下，情绪发展表现为情绪的逐渐分化。下面介绍几种有代表性的有关早期情绪分化的理论。

1. 华生的研究

著名心理学家、行为主义创始人华生根据对医院婴儿室内500多名初生婴儿的观察提出，婴儿最初的情绪反应有三种。

（1）怕。华生认为，初生婴儿的怕是由于大声和失去支持引起的。当婴儿安静地躺着时，在其头部附近敲击钢条，会立即引起他的肌肉猛缩，继之以哭；当身体突然失去支持，或身体下面的毯子被人猛抖时，婴儿会发抖、大哭、呼吸急促、双手乱抓。

（2）怒。限制活动会激怒婴儿。当实验者双手温和地、坚定地按住婴儿的头部，不准其活动时，婴儿会发怒，他会把身体挺直，哭叫，挥手蹬脚。

（3）爱。抚摸婴儿的皮肤，抱他，会使婴儿产生爱的情绪。特别是抚摸皮肤的敏感区域，如唇、耳、颈背等，婴儿会产生安静的反应和一种广泛的松弛反应，或是展开手指、脚趾。

随着行为主义的兴起，关于新生儿有三大基本情绪的推论也逐渐流行起来，但是后来的一些研究都未能证实华生对原始情绪的划分。因此，一些学者认为新生儿的情绪状态是笼统的，还没有分化为若干种。

2. 布里奇斯的研究

加拿大心理学家布里奇斯（K.M.Bridges）的情绪分化理论是早期情绪发展比较著名的理论。她通过对100多名0～2岁儿童的观察，提出了关于早期情绪发展较完整的理论和0～2岁儿童情绪分化的模式。布里奇斯认为，新生儿的情绪只是一种弥散性的兴奋或激动，主要由一些强烈的刺激引起；在以后学习和生理成熟的作用下，各种不同的情绪才逐渐分化出来。例如，初生婴儿只有皱眉和哭泣的反应。这种反应是未分化的一般性激动，是强烈刺激引起的内脏和肌肉反应；3个月以后，婴儿的情绪分化为快乐和痛苦；6个月以后，痛苦的情绪又分化为愤怒、厌恶和恐惧，比如，眼睛睁大、肌肉紧张，是恐惧的表现；12个月以后，快乐的情绪又分化为高兴和喜爱；18个月以后，快乐的情绪又分化出喜悦和妒忌。

3. 伊扎德的研究

美国心理学家伊扎德是当代著名的情绪发展研究专家。他关于婴儿情绪发展的研究及据此提出的情绪分化理论，在当代情绪研究中有很大的影响。伊扎德认为婴儿出生时具有五大情绪：惊奇、痛苦、厌恶、最初步的微笑和兴趣；4～6周时，出现社会性微笑；3～4个月时，出现愤怒、悲伤；5～7个月时，出现惧怕；6～8个月时，出现害羞；0.5～1岁时，出现依恋、分离伤心、陌生人恐惧；1.5

岁左右时，出现羞愧、自豪、骄傲、焦虑、内疚和同情等。

伊扎德的研究较之前人的研究，在科学性和可测性上都大大前进了一步，每一种新出现的情绪反应都有一定的具体、客观指标，易于鉴别、判断。

第二节 学前儿童情绪情感的发展

一、学前儿童情绪情感的发展特点

人类的基本情绪都是与生俱来的。刚出生的新生儿就有啼哭、痛苦或微笑的反应，这些都是原始情绪反应，具有生物性。但婴儿从出生的那一刻起，就需要成人的照顾与陪伴，开始进入人际互动模式，其情绪在人际互动的社会环境中不断分化，因而情绪又具有社会性。

（一）基本情绪的发展

学前儿童基本情绪主要包括哭、笑、恐惧等，具体发展过程如下。

1. 哭

哭是新生儿最明显、最本能的情绪表现。哭既是婴儿正常的生理现象，同时也是一种心理现象。新生儿啼哭主要是由于生理需求没有得到满足。随着婴儿生理逐渐成熟，社会性因素逐渐显现，会为了获得父母的关注等而哭泣。

随着年龄的增长，学前儿童哭泣的次数逐渐减少，一方面是由于儿童对外界环境与成人的适应能力逐渐增强，周围成人对儿童的适应性也逐渐改善，从而减少了儿童的不愉快情绪；另一方面是由于儿童逐渐学会了通过语言或动作来表达自己的不愉快与需求，从而取代了哭的情绪。

2. 笑

笑是幼儿喜悦情绪的表现。笑晚于哭发生，研究表明，爱笑的孩子一般比不爱笑的孩子更早发生人际互动的社会行为。从婴儿笑的发生来看，可分为自发性的笑与诱发性的笑。

婴儿最初的笑是生理性的、内源性的、自发性的，这种笑，在其 3 个月以后逐渐消失。早期的笑主要出现在孩子的睡梦中，且往往突然出现，程度轻微，只是卷卷嘴角，没有眼周肌肉的参与。待婴儿出生一周之后，在清醒的时间内，对其轻柔抚摸也会引起微笑，这种笑最初也是反射性微笑。

婴儿诱发性的笑是由外界刺激引起的。3 周的婴儿，轻抚或轻吹其皮肤敏感区 4 ～ 5 秒，便可出现微笑；4 ～ 5 周的婴儿可对各种不同的刺激产生微笑，如将其双手对拍，或听到熟悉的声音等都可诱发微笑；5 周开始，大人对着婴儿点头，尤其是母亲的行为最能诱发婴儿的笑，并可连续 2 ～ 3 次。

3. 恐惧

恐惧也可分为不同的种类，其发展经历了以下几个阶段：

（1）本能的恐惧。

恐惧是婴儿出生时就有的情绪反应，甚至可以说是本能的反应。最初的恐惧不是由视觉刺激引起的，而是由听觉、肤觉、体觉等刺激引起的，如尖锐刺耳的高声、皮肤受伤、从高处摔下等。

（2）与知觉和经验相联系的恐惧。

婴儿从 4 个月左右开始出现与知觉发展相关的恐惧。引起过不愉快经验的刺激，会激起婴儿的恐惧情绪。也是从这时候开始，视觉对恐惧的产生渐渐起主要作用。“高处恐惧”也随着深度知觉的产生而产生。

（3）怕生。

婴儿在 6 个月左右时开始对陌生刺激物产生恐惧反应，即所谓的“怕生”。怕生与依恋情绪同时产生，伴随婴儿对母亲依恋的形成，怕生情绪也逐渐明显、强烈。研究表明，这时婴儿已经能对亲人和陌生人加以区分，对不熟悉的人会表现出不安和恐惧。

（4）预测性恐惧。

随着想象和活动能力的增强，2 岁左右的儿童已经开始出现预测性恐惧，如怕黑、怕坏人，不愿一个人在关灯的房间里睡觉等。这些和想象相联系的恐惧情绪往往是因环境的不良影响而形成的。随着年龄的增长，语言在儿童心理发展中的作用逐渐增强，成人可通过讲解、肯定、鼓励等方式帮助儿童克服这种恐惧。

（二）高级情感的发展

高级情感是在经历多次情绪体验的基础上形成，并由情绪所表现出来的情感，是个人情绪的深化与本质内容。高级情感的形成与发展直接影响着学前儿童的个性与社会性发展。如本章第一节所述，高级情感主要包括道德感、理智感与美感三个方面。

1. 道德感的发展

儿童的道德感到 3 岁左右时才开始萌芽，这时他们只是初步明白了什么可以做、什么不可以做，但却不知道为什么。进入幼儿园后，随着对各种行为规范的掌握，他们的道德感逐渐发展起来。

小班幼儿的道德感初具雏形，但还没有形成一定的稳定性，往往是在成人的评价下产生的，主要指向个别行为。当自己或者别人的行为或言论符合他们所掌握的社会标准时，他们就会感到高兴、满足；反之，他们则产生沮丧、羞耻等情感。

中班幼儿已经掌握了一些概括化的道德标准，会因为自己在活动中遵守了教师的要求而获得快感。幼儿这时不仅关心自己的行为是否符合道德标准，还开始关心别人的行为是否符合道德标准，并由此产生相应的情感。例如，中班的幼儿看到其他的小朋友的行为不符合规范便会找教师“告状”，这种行为就是由道德感激发的。

大班幼儿的道德感进一步发展和复杂化。他们对是非对错有了初步的界定和情感反馈。在这个年龄阶段，幼儿爱同学、爱集体等情感已经有了一定的稳定性。

2. 理智感的发展

对一般儿童来说，这种情感 5 岁左右就明显地发展起来，突出表现在儿童很喜欢提问，并且会由于提问和得到满意的回答而感到愉快；同时，儿童喜欢进行各种智力游戏，或者动脑筋、解决问题的活动，如下棋、猜谜语、拼搭大型建筑物等，这些活动既能满足他们的求知欲和好奇心，又有助于促进其理智感的发展。

儿童理智感的产生和发展在很大程度上取决于环境的影响和成人的培养。适时地向儿童提供恰当的知识、鼓励和引导他们提问等教育手段，都有利于促进儿童理智感的发展。

3. 美感的发展

儿童对美的体验是一个逐步发展的过程，与儿童知觉、思维的发展都有密切的联系。儿童从小就喜欢颜色鲜艳的东西及整洁的环境。有研究表明，新生儿已经倾向于注视端正的人脸，喜欢有图案的纸板多于纯色的纸板。他们很自然地喜欢相貌漂亮、穿着整齐的小朋友，而不喜欢形状丑恶的任何事物。例如，当他们看到五颜六色的花丛时就会出现开心的表情；当看到光秃秃的山丘时就会皱起眉头。

在教育的影响下，他们也能够从音乐、舞蹈等艺术活动和美术作品、活动中体验到美，而且对美的评价标准也日渐提高。

二、学前儿童情绪情感的发展趋势

学前儿童情绪情感的发展趋势主要表现在三个方面：社会化、丰富和深刻化与自我调节化。

(一)情绪情感的社会化

学前儿童最初出现的情绪是与生理需要相联系的，随着年龄的增长，情绪逐渐社会化，更多地表现为与社会性需要相联系。社会化成为学前儿童情绪情感发展的一个主要趋势。

1. 情绪动因日渐社会化

随着年龄的增长，学前儿童的情绪活动中涉及社会性交往的内容逐步增加。1岁以内婴儿的情绪主要由生理需要引起，是与他基本生理需要是否得到满足相联系的。1～3岁儿童的情绪反应除了与生理需要相关，还与社会性需要密切相关，如自己吃东西、独立行走的需要等。3～4岁的儿童，引起情绪的动因由主要为满足生理需要向主要为满足社会性需要过渡。例如，对于中大班幼儿来说，社会性需要越来越大，他们希望被人注意、重视、关爱，渴望与别人交往。此时，幼儿的社会性交往和人际关系对儿童情绪影响很大，成为影响其情绪情感产生的最主要动因。

2. 情绪表达日渐社会化

表情是情绪的外部表现。有些表情是生物学性质的本能表现。学前儿童在成长过程中，表情日益社会化。学前儿童表情社会化的发展主要包括两个方面：一是理解（辨别）面部表情的能力的发展，二是运用社会化表情手段的能力的发展。

(二)情绪情感的丰富和深刻化

从情绪所指向的事物来看，其发展趋势越来越丰富和深刻。

1. 情绪的丰富

学前儿童情绪的丰富主要表现在以下两个方面：

(1)情绪体验不断分化。例如，刚出生的婴儿只有少数几种情绪，随着年龄的增长，情绪不断分化、增加。

(2)引起情绪体验的动因不断增多。例如，2～3岁的婴儿，不太在意小朋友是否和他一起玩，而3～6岁的幼儿，更加愿意去参加群体活动。

2. 情绪的深刻化

情绪的深刻化表现为，情绪从指向事物的表面现象转化为指向事物的内在特征。如儿童对父母的依恋，主要是依赖于父母对其生活基本需求的满足，而随着年龄的增长，儿童逐渐表现出对父母的感恩与尊重等复杂情感。

(三)情绪情感的自我调节化

从情绪情感的变化过程来看，其发展趋势逐渐受到儿童自我意识的支配。随着年龄的增长，儿童对情绪情感过程的自我调节能力越来越强，这种发展趋势主要表现在以下三个方面。

1. 情绪的冲动性逐渐减弱

年龄越小的儿童越容易进入较为激动的情绪状态。在日常生活中，儿童往往由于一点点外来刺激的出现而变得非常激动，情绪变化强烈。儿童的情绪冲动性还常常表现在其用过激的动作和行为来表现自己的情绪。比如，某些幼儿看到故事书中的反派角色，会将那个“坏人”涂抹掉或撕掉。

随着大脑的发育及语言的发展，儿童情绪的冲动性逐渐减少，并开始学着对自己的情绪进行控制。儿童最初对自己情绪的控制是被动的，即在成人要求下的控制。到中大班，儿童对情绪的自我调节能力逐渐发展。

2. 情绪的稳定性逐渐提高

学前儿童的情绪是非常不稳定的，并且持续时间较短。随着年龄的增长，儿童情绪的稳定性逐渐提高，但总的来说，他们的情绪仍然缺乏可控性。

儿童情绪的不稳定主要与其情绪情感的情境性相关。例如，新入园的学前儿童，看着妈妈离去时会哭得很伤心，但当妈妈的身影消失后，经教师引导，就又能融入集体，愉快地玩起来。

此外，受感染性对学前儿童的情绪也有一定的影响。受感染性是指儿童的情绪非常容易被周围人的情绪所影响。例如，一个新入园的学前儿童边哭泣边拉着妈妈不让妈妈走，这可能会引发其他看到此场景的幼儿也跟着哭起来。

中大班的儿童的情绪趋于稳定，情境性和受感染性的影响逐渐减弱，但仍然容易受亲近的人，如家长和教师的感染。

3. 情绪情感从外显到内隐

4 岁之前的儿童还不能意识到自己情绪的外部表现，他们的情绪会在脸上完全表露出来，丝毫不加以控制和掩饰。随着言语能力和心理活动有意性的发展，儿童逐渐能够调节自己的情绪及其外部表现。儿童对情绪外部表现的调节能力比调节情绪本身的能力发展得早。儿童开始产生某种情绪体验时，自己还没有意识到，直到情绪过程已在进行时才能意识到。这时儿童才记起对情绪及其表现应有的要求，才会去控制自己。到学前晚期，儿童已能较多地调节自己情绪的外部表现，但其对自己情绪表现的控制还常常受周围情境的影响。学前儿童情绪外显的特点有利于成人及时了解他们的情绪变化，从而给予其正确的引导和帮助。同时，学前晚期的儿童情绪已经开始出现内隐性，需要成人细心观察和了解儿童的情绪体验。

第三节 促进学前儿童情绪情感发展的策略

情绪情感对儿童心理的发展至关重要，良好的情绪情感不仅有利于儿童智力的发展，而且有利于提高儿童社会交往的能力与社会适应能力，因此，我们要积极创设条件，促进学前儿童情绪情感的发展。

一、良好情绪的培养

（一）营造良好的情绪环境

学前儿童的情绪易受周围环境气氛的感染，他人的情绪会使其在无意中受到影响。可以说，学前儿童情绪的发展主要依靠周围情绪气氛的熏陶。所以建立良好的亲子情和师生情，对于培养学前儿童良好的情绪情感有重要作用。在家庭中要有意识地保持良好的情绪气氛，布置一个有利于放松情绪的环境，避免脏乱、嘈杂，成人之间要互敬互爱，家庭成员之间也要使用礼貌用语，并努力避免剧烈的冲突。此外，家长要正确对待孩子的依恋，注意与孩子的感情联系。儿童初次入托或上幼儿园的时候，是分离焦虑容易加剧的时期。处在分离焦虑期的幼儿如果不能从亲人那里得到爱的满足，则可能导致其情绪发展障碍，不良影响甚至会延续到日后的发展中。

在幼儿园，教师对幼儿的关心、抚爱是使其产生良好情绪和情感的重要因素。所以教师应有意识地培养师幼感情，时刻关心关爱每一个幼儿，给予幼儿充分的理解和尊重，尽量避免让幼儿产生不良情绪体验。在日常生活中，教师要时刻关注幼儿的情绪状态，在他们不愉快时要告诉幼儿："老师是你的朋友，有事情讲给老师听，老师会帮助你的……"让幼儿充分感受到来自老师的关心和爱。

（二）重视成人的情绪示范作用

学前儿童的情绪易受感染、模仿性强，因此，成人的情绪示范非常重要。日常生活中若成人经常表现出积极热情、乐于助人、关心爱护孩子等良好情绪，就会对孩子良好情绪的发展起到潜移默化的作用，否则会造成不良后果。父母、教师不仅应为孩子树立榜样，同时对孩子的教育、管理也应有科学的教养态度，如公正地对待孩子，满足孩子的合理需求，帮助孩子适应变化的新环境，以及坚持正面教育，针对孩子的个别情绪特征进行疏导。不能恐吓、威胁孩子，也不能溺爱或过分严厉地对待孩子，否则会使儿童形成不良情绪和不良性格。

（三）正确对待学前儿童的情绪行为

不良的生活环境容易造成学前儿童情绪发展不良。例如，对孩子的冷淡、粗暴容易造成孩子情绪不良，适应性差；不公正容易造成孩子产生嫉妒心理；溺爱容易造成孩子情绪激动。为了避免孩子受严重的不良情绪困扰，家长和教师一定要充分理解和正确对待孩子的发泄行为，不要让幼小的心灵总受压抑，并且要为孩子创设发泄情绪的环境和情境，教给他们多样化的发泄方法，让孩子学习自我疏导。如设置“情绪小屋”，让孩子有一个小空间，在那里与好朋友说说心中的小秘密，自由地表达自己的情感，或者自己静静地待一会儿，这些都有助于疏导和缓解孩子的不良情绪。培养孩子多方面的兴趣，引导他们投入丰富多彩的活动，也是帮助孩子转移不良情绪、学会积极发泄的有效方法。

（四）帮助学前儿童调控情绪

当学前儿童无法控制自己的情绪时，成人可以用各种方法帮助他们调控自己的情绪。

1. 转移法

即转移孩子的注意力，如：两三岁的孩子在商店柜台前哭着要买玩具，大人常常用转移注意的方法，说“等一会儿，我给你找一个好玩儿的”，孩子就会跟着走了。可有时候此法并不奏效，往往是由于大人只是为了哄孩子，回家后就忘记了自己的许诺，以后孩子就不再“受骗”了。对 4 岁以后的幼儿，当其处于情绪困扰之中时，可以用非物质的转移方法。例如，爸爸对正在大哭的孩子说：“看这里这么多的泪水，我们正缺水呢，快来接住吧。”这时爸爸真的拿来了一个杯子，孩子就破涕为笑了。

2. 冷却法

孩子情绪十分激动时，可以采取暂时置之不理的办法，孩子自己就会慢慢地停止哭喊，这就是所谓的“没有观众看，演员也没劲儿了”。当孩子处于激动状态时，成人切忌也激动起来。比如，对孩子大声喊叫“你再哭，我打你”或“你哭什么，不准哭，赶快闭上嘴”之类，这样做会使孩子情绪更加激动，无异于火上浇油。

3. 消退法

对孩子的消极情绪可以采用条件反射消退法。比如，有个孩子上床睡觉要母亲陪伴，否则就要哭闹。母亲只好每晚陪伴，有时长达一个小时。后来父母亲商量好，采用消退法，对他的哭闹不予理睬，孩子第一天晚上哭了整整 50 分钟，哭累了也就睡着了，第二天只哭了十几分钟。以后哭闹时间逐渐减少，最后不哭也能安然入睡了。

二、良好情感的培养

（一）道德感的培养

1. 晓之以理，动之以情

在进行道德教育的过程中，教育者应该注意“晓之以理，动之以情”，以激发学前儿童的情感共鸣，形成正确的集体舆论。如在幼儿园集体活动中，及时表扬幼儿做的好人好事，从引导幼儿从小就对符合社会道德的行为产生愉快、自豪的情感体验，对不符合社会道德的行为感到厌恶、羞耻等，最终使得幼儿正确的道德行为得到道德满足。

2. 树立榜样，积极学习

随着年龄的增长，学前儿童的道德认识也逐渐发展起来，教育者应该在具体的道德情感上阐明道德理论和规范标准，使儿童的道德情感体验更加具体、深刻，此时可根据儿童认知学习能力的发展，树立积极正确的榜样，让儿童模仿学习。

（二）理智感的培养

1. 鼓励探索，培养兴趣

心理学家布鲁纳（J.S.Bruner）认为，婴儿生下来就有一种好奇的驱动力，只不过婴儿是用“嘴”来探索世界的。婴儿刚出生就开始积极地探索周围的环境，随着年龄的增长，他们看见感兴趣的玩具，就伸手、伸脚来抓。幼儿时期更是好奇心十足，什么都想知道，常常问“为什么”，这时教育者可以根据日常生活的特点，耐心地解答孩子提出的千奇百怪的问题，也可以和孩子共同观察来探究问题的答案，切不可责怪“搞破坏”的孩子，应恰当地教育幼儿科学地探索与发现。

2. 广泛阅读，扩大视野

良好的阅读习惯可以让学前儿童从书中汲取无尽的知识，广泛阅读可以让他们开阔视野。教育者可根据学前儿童的年龄特点选择读物，从简单的寓言、童话故事慢慢地过渡到文艺作品和通俗的科普读物等。

第四节　学前儿童意志的发展

一、意志的概念及特征

意志是指自觉地确立目的，并根据目的来调节自身行动，克服各种困难，最终实现目的的心理过程。一般意志具有如下三个特征。

（一）明确的目的

意志是人类所特有的高级心理机能。意志不同于其他心理过程的最重要特点，是始终保持着清醒的意识，它是为实现预定目的而进行的心理过程。为了实现目的而确定行动的方式方法与步骤，坚定不移地按照预定目的去行动，遇到困难仍然不改变预定目的，这种行动过程就是人的意志的表现。

（二）意识调节行动

意志表现为人的意识对行动的自觉调节与控制。所谓有目的的行动，就是人在行动之前清楚地意识到自己行动的目的；拟订行动计划，进而选择行动方式方法与步骤。意识对行动的调节有两种基本表现：一是发动，二是制止。所谓发动，就是意识推动人为达到目的而行动；所谓制止，就是使人不去进行与目的不相符合的行动。

（三）克服困难

意志过程突出的特征是努力克服困难，正是在为达到目的而进行的行动中遇到困难的时候，意志才能够更好地体现出来。意志过程所遇到的困难或障碍，可以分为内部障碍和外部障碍。内部障碍是指心理内部的困难，在完成某种有目的的行动的过程中，出现了新的需要和动机，与原有需要和动机发生了矛盾，就构成了内部障碍。外部障碍是指在完成某种有目的的行动的过程中，遇到了外部条件的障碍，如生理上的疲劳、技巧上的不足、物质条件的匮乏等。遭遇外部障碍时，可能出现新的需求和动机，于是又产生内部障碍。因此，外部障碍可能成为产生内部障碍的原因。

二、学前儿童有意运动的萌芽

进入幼儿园后，儿童的意志在新的环境中会有新的发展。首先，进入幼儿园幼儿开始了集体生活，在集体生活中要遵守集体的各项规章制度，这有利于幼儿大脑皮质抑制机能的发展，有利于增强幼儿的自制力和自控能力。其次，在与同伴的游戏活动中，幼儿必须学会遵守游戏规则，否则就不能参与游戏，服从游戏规则是培养儿童意志的“初等学校”。再次，幼儿在集体生活中的同伴交往需要适当地克制自己的欲望和冲动，这就锻炼了幼儿的忍耐、自制和延迟满足的能力。最后，幼儿要在规定的时间完成老师布置的学习任务，控制自己玩耍的欲望，这就需要幼儿付出一定的意志努力才能完成。

根据有无目的性和努力的程度，可将运动分为无意运动和有意运动。无意运动又称为不随意运动，它是在无意中发生的不由自主的运动，是无条件反射活动。例如，新生儿的吸吮动作反应；眼睛受到强光照射，瞳孔会立即缩小；手碰到尖锐的物体会立即缩回等。有意运动又称为随意运动，它是在意识的控制下为达到某种目的主动支配自己肌肉的运动，是实现意志行动的基础。例如，用勺子吃饭等。

新生儿除本能的动作外，其他动作绝大部分是混乱的。如两眼的不协调、手不受控制地乱摆动。两三个月时，婴儿的手碰到物体会去抚摸它，有时婴儿会用一只手触摸母亲的脸庞，用手沿着物体的边缘移动或者拍打，此时还不会抓握物体。三四个月的婴儿处于无意抓握阶段，即无意、被动地抓握，如婴儿抓着玩具乱摇，有时会抓住衣服上或者摇篮床上的绳子，但这只是偶然的无意动作。四个月时，婴儿手眼动作还不协调，大脑还不能很好地支配动作。如婴儿看见眼前母亲的衣服或者是婴儿车的挂饰，他就已经有了想去抓握的愿望，但手不受控制地在想要抓住的物体周围打转，抓不住物体。

当婴儿手眼协调以后，婴儿的动作就从被动变为主动，并且手眼协调动作是继手动作混乱阶段、无意抚摸阶段、无意抓握阶段后产生的，即有意动作是在无意动作的基础上产生的。大约 4 ～ 5 个月，婴儿出现手眼协调动作，眼睛的视线和手的动作能够相互配合，手能够抓住眼睛看到的东西，动作有了简单的目的和方向性。1 岁以后，儿童逐步学会模仿成人拿东西的动作，开始进入人类使用工具的有意动作阶段。3 岁以后，手眼协调动作在各种活动中不断完善，同时也反过来促进各种活动的发展。3 岁儿童能自己拿勺子吃饭、自己解扣子等；4 ～ 5 岁儿童能画画、剪纸和做手工；6 岁后儿童会握笔写字。

三、学前儿童意志行动的萌芽

意志行动是一种特殊的有意行动，其特点不仅在于自觉意识到行动的目的和行动过程，而且在于努力克服行动中的困难。因此，儿童行动自觉意识性的发展要经过比较长的过程。整个学前期，儿童的意志行动都处于比较低级的阶段。八个月后，动作的有意性发生很大的变化。1 岁以后，意志行动的特征更加明显，表现为通过“尝试错误”来排除前进中遇到的障碍。1 岁半至 2 岁儿童在意志行动中，不仅具有较明确的目的，而且有了明确的行动方法。这时，儿童在为达到目的而排除障碍时，会通过“尝试错误”或“摸索性调节”来找出达到目的的方法。例如，桌子上的玩具距离较远，儿童难以触及，当他尝试抓取的时候，偶然间抓住了桌布的一角，带动了玩具，于是他似乎发现了桌布的运动和玩具运动之间的关系，便开始慢慢拉动桌布，使玩具靠近自己并拿到它。这就是说，儿童能够有意识地用行动引起一些事物的变化与联系，并做其他新的尝试，以便发现新方法，在重复的探索中，积累经验。

四、学前儿童意志发展的特点

（一）学前儿童自觉目的性的发展

幼儿期是自觉行动目的开始形成的时期。

3～4岁的幼儿，行动目的性相对缺乏，其行动具有很强的冲动性。他们通常不假思索就开始行动，因而行动是漫无目的的。

4～5岁的幼儿，行动目的逐渐形成。在活动中，成人往往用具体示范和语言提示的方法为幼儿确定行动目的，指导幼儿按照目的去行动，并且让幼儿在活动中反复实践，不断强化，但是这种目的性不够稳定。通常，他们的目的在活动中能保持5～10分钟。在成人的组织下，幼儿逐渐学会提出行动目的，开始尝试着在某些活动中独立地预想行动的结果，确定行动任务。例如，在角色扮演类游戏中，幼儿能够确定自己的活动主题内容，自己选择行动方法。只是所提目的有时还不够明确，还有赖于成人的帮助。这个时期的儿童，能在活动中独立地提出自己的个人目的，而且能提出相当多的共同目的（约占80%）。中班幼儿在活动中也常常表现出同时有两三个目的，但恪守一个目的的人数比小班幼儿明显增加。通常，他们的目的在活动中能保持15～25分钟。

5～6岁的幼儿，已经能够提出比较明确的行动目的。此时幼儿的各种认知活动有意性进一步发展，注意从无意注意逐渐转化为有意注意。幼儿能较长时间控制自己将注意力集中在教学内容上。随着神经系统的成熟、言语调节机能和智力的发展，儿童逐渐掌握了口头用语，做事情前能提出明确的目标，计划自己的行动。从行为的目的性来看，儿童的行为开始逐渐服务于长远的目的。学前儿童提出的行动目的往往比较直接，一般只是为了满足近期的兴趣和需要，如为了得到家长和老师的表扬，或者为了得到好的分数和奖励而克服困难，努力学习。随着年龄的增长，到5～6岁，儿童开始逐渐关注更长远的目的，如为了将来能上一所好学校，或者为了成为一个像某些榜样人物（著名的科学家）那样的人而努力学习。这种长远的目的对儿童的行为具有长期的调节作用。

（二）学前儿童自制力的发展

随着年龄的增长，学前儿童意志的控制性品质逐渐强化，自我控制能力也有较为明显的提高。例如，6 岁的儿童对比 2 岁的儿童，其自制能力已有很大提高，可以在开展某个活动之前，提出目的、计划，并能用其指导自己的行为，坚持到活动结束；能有意抑制自己的欲望，不去做违反规则和不被允许的事情，如能和他人融洽地合作游戏和分享玩具；能够延迟满足，如过年前，妈妈给自己买了新衣服，要等到过年时才穿。

入学后，儿童经常被要求延迟满足。在课堂上，等待被点名回答问题是基本要求，儿童需要耐心等待。午餐时间，只有那些能够安静坐在座位上的儿童才会被老师点到名字，尽快取到饭菜。教会儿童使用加强延迟的策略能够使儿童在延迟享乐的活动中等待的能力大大提高。在延迟满足的任务中，能等待时间更长的儿童其口语表达流利并且对推理更有逻辑性，更善于集中注意及提前计划，更能恰当地处理压力。

（三）学前儿童坚持性的发展

学前儿童坚持性的发展处于低水平阶段，3 岁儿童坚持性发展水平低，任务中遇到困难或者任务比较单调枯燥时会失去完成任务的愿望和行动力。四五岁儿童的坚持性发生了质的变化，由于游戏中本身包含着行为准则，儿童为了游戏，实现角色职能，能抗拒各种诱惑，控制自己的行为，但儿童的坚持性受到诸多因素的影响，如所处的环境、任务的难度、对活动的兴趣、儿童的动机等。儿童的坚持性特点容易受参加活动兴趣的影响，儿童对其有兴趣的活动坚持性相对来说维持得较长，对兴趣不大的活动的坚持性维持得较短，当兴趣转移或遇到困难时常常会半途而废。

因此，4 ～ 5 岁是儿童坚持性发展的关键年龄，应加强对这个年龄段儿童坚持性的培养。在这个阶段，成人特别是幼儿园教师的帮助指导对儿童坚持性的提高有很大的作用。

五、学前儿童意志的培养策略

（一）培养学前儿童的良好兴趣

兴趣是激发活动动机的重要手段。学前儿童的兴趣需要一定的后天培养，而且是在一定条件的影响下逐渐发展变化的，所以成人要注意学前儿童兴趣的发展趋势并及时地作出正确引导。

（二）鼓励和增强学前儿童的自信心

增强学前儿童的自信心，是培养其意志的有效内部力量。当学前儿童获得进步时，所获得的成就感能使他们的自信心得到极大增强。当学前儿童活动失败时，则需要成人的安慰和鼓励，这样有助于学前儿童增强信心，重新完成任务。

（三）启发自我锻炼

只有在实践活动中不断地加强锻炼，才能培养优良的意志品质。所以我们必须根据学前儿童的特点，通过做游戏、讲故事等形式，在学前儿童心中树立正确的榜样，引导学前儿童向榜样学习，促进其自我锻炼。

（四）制定切实可行的目标，帮助学前儿童实现目标

恰当的目标可以更好地引导学前儿童的行为，所以为了锻炼学前儿童的意志，我们需要帮助他们制定切实可行的目标和计划。在制定目标时，应该充分地估计任务的难度和学前儿童的能力，最好与学前儿童商量，让其真心接受，这样有助于他们作好应对困难的准备。

本章小结

情绪是指因外部事物是否符合个体本身需要而产生的主观体验，它伴随着一系列复杂的行为变化，包含生理、表情与体验三种基本成分。根据情绪发生的状态，可以将情绪分为心境、激情和应激三种。情感是指因外部事物是否符合个体本身的社会性需要而产生的主观体验。人类高级的社会情感主要有道德感、理智感和美感。

学前儿童的情绪在人际互动的社会环境中不断分化，其基本情绪主要包括哭、笑、恐惧等；高级情感是在经历多次情绪体验的基础上形成，并由情绪所表现出来的情感，是个人情绪的深化与本质内容，包括理智感、道德感与美感三个方面。

情绪情感对学前儿童心理的发展至关重要。培养良好情绪的具体措施是：营造良好的情绪环境；重视成人的情绪示范作用；正确对待学前儿童的情绪行为；帮助学前儿童调控情绪。培养学前儿童道德感的具体措施是：晓之以理，动之以情；树立榜样，积极学习。培养学前儿童理智感的具体措施是：鼓励探索，培养兴趣；广泛阅读，扩大视野。

意志是指自觉地确立目的，并根据目的来调节自身行动，克服各种困难，最终实现目的的心理过程。进入幼儿园后，儿童的意志在新的环境中会有新的发展并呈现出相应的特点，表现在自觉目的性的发展、自制力的发展、坚持性的发展三个方

面。培养学前儿童意志的策略有：培养学前儿童的良好兴趣；鼓励和增强学前儿童的自信心；启发自我锻炼；制定切实可行的目标，帮助学前儿童实现目标。

本章主要内容如图所示：

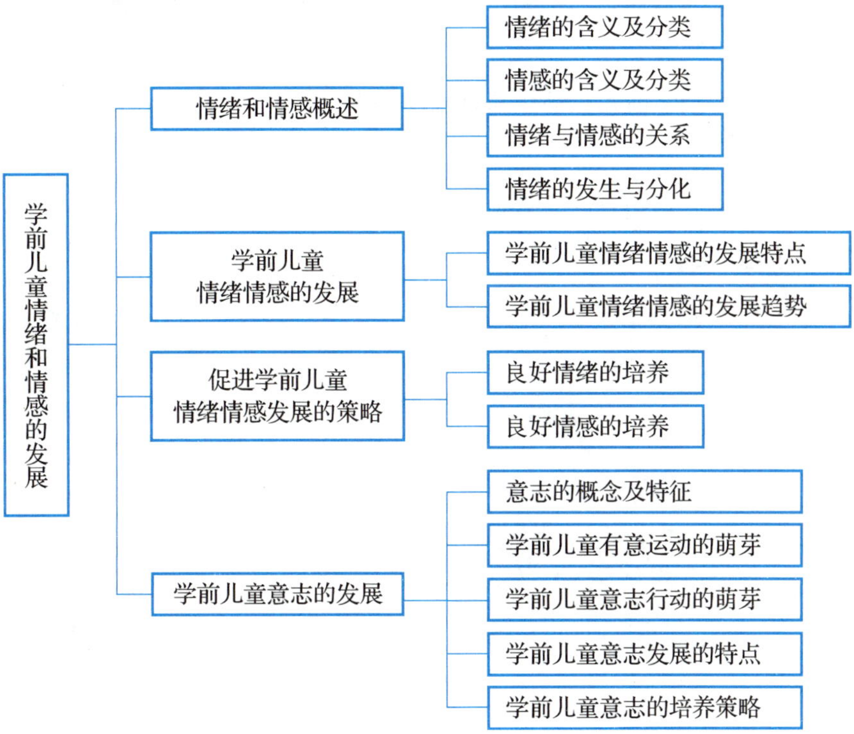

同步练习

一、名词解释

情绪　情感　应激　意志　消退法

二、简答题

1. 简述学前儿童情绪情感发展的趋势。
2. 如何培养学前儿童良好的情绪情感？
3. 简述意志的特征。

三、活动设计题

陶陶是一个4岁的小男孩，活泼好动。他喜欢画画，但坐不住，画不了一会儿就丢下不画了。爸爸十分生气，经常批评、责备他说：“画得这么难看，还坐不住，你长大了还能干什么！”陶陶被训得耷拉着脑袋，画画的兴趣也没有了。奶奶见此情景，十分关心地拿起陶陶的一张画夸奖说："看，陶陶画的这个大气球多好看呀！来，奶奶和陶陶一起画，看能不能把气球画得更好一些，再涂上好看的颜色，好不好?"说着就拿出纸笔，边指导边鼓励陶陶画画："啊，这个气球比刚才画得好多了，涂的颜色也很好看!"陶陶听了很高兴，越画越有趣，越画越来劲，越画时间越长，也越画越好。

（1）请根据影响学前儿童动作和意志发展因素的理论分析说明陶陶画画行为前后变化的原因。

（2）陶陶爸爸和奶奶对待陶陶画画行为的不同态度和方法，给家长和幼儿园教师一些什么有益的启示?

第八章　学前儿童气质和自我意识的发展

学习目标

1. 掌握学前儿童的气质类型及其特点。
2. 能够依据学前儿童的气质类型展开教育。
3. 掌握学前儿童自我意识发展的特点。
4. 初步掌握促进学前儿童自我意识发展的策略。

学习重难点

1. 重点：学前儿童的气质类型及其特点；学前儿童自我意识发展的特点。
2. 难点：依据学前儿童的气质类型展开教育；促进学前儿童自我意识发展的策略。

教学建议

教师课前安排学生搜集相关学习资料引发学生思考；课上除讲授新知识外，还可以以小组的形式汇报、讨论并给予回应，发挥学生的主体性。

第一节 学前儿童气质的发展

一、气质概述

气质是一个古老而久远的话题，千百年来吸引着心理学家去探究。研究者发现，在出生后几周，孩子在气质上就有很明显的个体差异，如有的新生儿比较活泼且哭声响亮，而有的新生儿则比较安详宁静、声微气小。长大后，有的人精力充沛、生气勃勃；有的人沉默寡言、举止安详；有的人热情激动、难以自制；有的人心平气和、从容自如；有的人庄重冷静、不露声色；有的人多愁善感、郁郁寡欢；有的人思维灵活、行动敏捷、善于适应；有的人反应迟缓、动作缓慢、不善应变。这些特点都是气质的表现。

气质是人的心理活动表现出来的比较稳定的动力特征，无好坏之分。它表现为心理活动的速度（如言语速度、思维速度等）、强度（如情绪体验强弱、意志努力程度等）、稳定性（如注意集中时间长短）和指向性（如内向或外向）等方面的特点和差异组合。

根据心理活动的强度、平衡性及灵活性的不同，在日常生活中，一般将人的气质划分为四种类型。

（一）胆汁质

胆汁质类型的人情绪体验强烈，精力旺盛，性格外向刚强，热情直率，行动敏捷；但易感情用事，遇人遇事通常考虑欠佳，有些鲁莽冒失。

（二）多血质

多血质类型的人反应迅速，思维敏捷，活泼好动，善于社交，社会适应能力强；但情绪亦不稳定，缺乏耐心和毅力，不能持之以恒。

（三）黏液质

黏液质类型的人情绪稳定，沉默寡言，安静稳重，考虑问题细腻而周全，自我控制力强；但行动迟缓，主动性较差，缺乏生气与活力。

（四）抑郁质

抑郁质类型的人情绪丰富，多愁善感，想象力丰富，天马行空，情绪内敛，控制力强；但是胆小怯懦，行为举止缓慢，优柔寡断。

二、学前儿童的气质类型

（一）婴儿的气质类型

托马斯、切斯等人（Thomas，1967；Chess，1974，1982）在对婴儿进行大量追踪和考察的基础上，将婴儿的气质划分为四种类型。

1. 容易型（40%）

这类婴儿吃、喝、睡、大小便等生理机能活动有规律、节奏明显，容易适应新环境，也容易接受新事物和不熟悉的人。他们一般情绪积极、愉快，对成人的交流行为反应适度，因而容易受到成人的关怀和喜爱。

2. 困难型（10%）

这类婴儿时常大声哭闹，烦躁易怒，爱发脾气，不易安抚。在饮食、睡眠等生理机能活动方面缺乏规律性，对新环境与新事物接受很慢，需要很长的时间去适应新的安排和活动，对环境的改变难以适应。他们总是情绪不好，尽管处在游戏当中也不愉快。成人需要费很大力气才能使他们接受安抚，且很难得到他们的正面反馈。由于这种孩子会给父母造成较大的麻烦，因而在哺育过程中需要成人极大的耐心和宽容。

3. 迟缓型（15%）

这类婴儿的活动水平很低，行为反应强度很弱，情绪总是消极而不甚愉快，但也不像困难型婴儿那样总是大声哭闹，而是常常安静地退缩、畏惧，情绪低落，逃避新刺激、新事物，对外界环境、新事物、生活变化适应缓慢。在没有压力的情况下，他们会对新刺激缓慢地发生兴趣，在新情境中能逐渐活跃起来。这一类婴儿随着年龄的增长会因为成人关爱和教育情况的不同而发生分化。

4. 混合型（35%）

这类婴儿往往具有上述两种或三种气质类型混合的特点。

（二）幼儿气质发展的特点

1. 具有相对稳定性

美国纽约纵向研究所对 231 名儿童展开了为期十年的追踪研究，发现这些研究对象一出生便有巨大的气质类型差异，而且随着年龄的增长，儿童的活动水平、对陌生人的敏感性、对新环境的适应性等特征基本保持不变。

2. 具有一定可变性

幼儿的气质类型存在"掩蔽"现象，即幼儿原有的气质类型没有变化，但是形成了一种新的行为模式，表现出一种不同于原来类型的气质外貌。究其原因，幼儿的气质类型受到教育及日常生活条件的影响。如幼儿长期生活在压抑的环境中，这种生活方式就会将其原有的气质类型掩盖而使其表现出畏缩、低迷、缺乏生气等行为特点。

三、根据学前儿童的气质类型展开教育

每个人都有与生俱来的气质类型，无所谓好坏，且都能受到后天环境与教育的影响。因此，首先要明确学前儿童的气质类型特点，并根据其气质类型加以培养和教育。

（一）要依据儿童的气质特点展开抚养和教育

由于每个儿童的气质类型不同，因此教师和家长应主动使自己的行为节律与儿童的气质类型相适应。对于性格懦弱的儿童要多加鼓励与支持，增强其自信心与安全感。对于难以适应新环境的儿童，在入园的过程中要多加照料。同时，要注意引导儿童的行为向着符合社会要求的方向发展。

教师和家长要善于将每位儿童气质类型的优势发挥出来，给予其充分表现的机会，同时，也要对儿童气质类型中消极的部分表示充分理解与尊重，并根据其特点考虑采取相应策略帮其改进。

（二）要巧妙地根据不同气质类型儿童的心理特点因势利导

应根据学前儿童不同的品质类型，因材施教。例如，对于抑郁质的儿童，由于他们比较敏感，所以不宜在公开场合点名指责，要多表扬其成绩，培养其自信心，激发活动积极性；对胆汁质的儿童要注意不要针锋相对地去激怒他们，要教会他们自制，并逐步养成安静、遵守纪律的习惯；对多血质的儿童，要培养其耐心、专心做事的习惯；对黏液质的儿童，要引导其多和其他儿童交往，鼓励其多参加集体活动。

（三）要注意和防止一些极端气质类型儿童的病态倾向发展

抑郁质和胆汁质的儿童如果稳定性发展过差，不能很好地控制自己，便会表

现出一些病态倾向。通常抑郁质儿童在极不稳定的情况下易发生像紧张、胆怯、恐惧、强迫等具有神经焦虑症倾向的障碍；而胆汁质儿童的极端化发展则可能与一些更具有攻击性和破坏性的行为有关。教师要学会分辨一些基本的心理障碍倾向，采取科学的态度，慎重地对待他们。

第二节　学前儿童自我意识的发展

一、自我意识概述

在日常生活中，我们经常听到这样的话："我觉得我非常聪明""我认为我有这个能力去完成这项工作"；或经常听到这样的问题："我是谁？我从哪里来？""我喜欢什么？我不喜欢什么？"。诸如此类的问题，都离不开对自我的认识，即自我意识。自我意识是指个体对自己所作所为的看法和态度（包括对自己存在以及自己与周围的人或事物的关系的意识）。在自我意识发展的过程中，个体既是认识者又是被认识者。

自我意识具有分离感和稳定的同一感两个基本特征。分离感即个体意识到自己作为一个独立的个体，在身体和心理的各方面都是有异于他人的；稳定的同一感即个体知道自己是长期地持续存在的，不论外界环境如何变化，或不论自己有了什么新的特点，都能认识到自己是同一个人。

二、学前儿童自我意识发展的特点

学前儿童自我意识的发展是一个循序渐进的过程，尤其是在儿童3岁以后，自我意识的各方面开始发展，具体包括自我认识、自我评价、自我体验、自我控制等。

（一）自我认识的发展

1. 对自己身体的认识

3岁左右的儿童开始学会用"我"这个指代名词来表达自己，尽管仍倾向于用名字称呼自己，但说明儿童已开始将自己从客体转化为主体来看待，反映了儿童开始意识到自身内在心理活动的过程和内容，是儿童自我意识发展中的重要转折。

2. 对自己动作的认识

学前儿童对自己动作的认识以儿童动作的发展为前提。皮亚杰曾经用实验法研究儿童对自己爬行动作的意识，结果发现4岁儿童虽然会爬行，但并不能意识到自己是怎样运动的；5～6岁儿童能意识到自己的行动；7～8岁儿童对自己的爬行动作有明确的掌握或认知。

3. 对自己心理活动的认识

儿童从3岁左右开始出现对自己内心活动的意识。例如，儿童开始意识到“愿意”和“应该”的区别。之前他们只知道“我愿意怎样做就怎样做”，到3岁左右时，开始懂得了“愿意”要服从于“应该”。4岁以后，开始出现对自己的认识活动和语言的意识。他们开始知道怎样去注意、观察、记忆和思维。比如，上课时老师说“注意了！”，自己就应该眼睛看着老师，双手停止活动等。他们也能比较清楚地意识到假想和真实的区别，意识到正确与错误的思想和行为的区别。

（二）自我评价的发展

1. 从依赖成人评价发展到自己独立评价

3～4岁的儿童，由于受到认知水平的限制，加之对成人权威的尊重与服从，儿童常常依从于成人对他的评价，经常简单重复成人的评价。例如，问一个幼儿：“你是不是班上最乖的孩子？”幼儿答：“不是。因为老师经常批评我，说我不是好孩子。”这种评价是依赖于成人的评价。随着年龄的增长，幼儿对自己的评价能够逐渐过渡到自己独立评价。如再问同样的问题，幼儿可能会回答：“不是，因为我有时候会有点调皮。”

2. 从个别方面评价发展到全面评价

由于认识水平低，儿童的自我评价常常是片面的和表面的。他们往往善于评价别人，不善于评价自己。在评价自己的行为时，他们更容易看到自己的优点，不容易看到自己的缺点，而且这种评价也往往局限于一些具体行为上。例如，他们在回答自己是好孩子的原因时说：“我不骂人。”到了5～6岁，他们能够从多个方面对自己进行评价，逐渐出现向对内心品质进行评价过渡的倾向。例如，同样在回答自己是好孩子的原因时会说：“我是好孩子，客人来了我主动问客人好，上课发言积极，帮老师收拾积木。”

3. 从初步的主观评价发展到客观评价

小班、中班幼儿的评价往往受到情绪的主导，不能依据事实展开评价，带有明显的主观性。例如，幼儿园教师问孩子谁的画最好看，绝大多数孩子都会说是自己，但事实并非如此。随着年龄的增长，在教师和父母的教育和引导下，儿童对自我的评价逐渐趋向于客观。例如，大班幼儿想说自己好，又觉得不好意思，于是说“我不知道我做得怎么样”，或者说“我不说”。

（三）自我体验的发展

1. 由生理性体验向社会性体验发展

3～4岁的幼儿的自我体验由生理性体验向社会性体验发展。幼儿的愉快和愤怒往往是生理性体验的表现，委屈、自尊、羞愧则是社会性体验的表现。E.N. 库尔茨卡娅等人关于羞愧的实验表明，5～6岁的幼儿能对自己的错误行为感到羞愧。

2. 易受暗示性

儿童自我体验最明显的特点就是易受暗示性，且儿童年龄越小，表现越明显。如问儿童：“如果做捂眼睛贴鼻子游戏时，你私自拉下毛巾，被老师发现，你会觉得怎样？”3岁的儿童只有3.33%的人有自我体验，而在暗示后（你做了错事，觉得难为情吗？），有26.67%的儿童有自我体验。这就要求教师和家长在现实中多采用积极的暗示，使儿童逐渐树立自信心，并逐渐学会体谅他人的心情。

3. 随着年龄的增长而逐渐丰富

儿童的自我体验有一定的顺序性。其中，愉快感和愤怒感发展得比较早，而自尊和委屈发展得较晚。

（四）自我控制的发展

学前儿童自我控制能力的发展和其品质的发展水平密切相关。自我控制能力的发展主要表现在独立性、坚持性和自制力的发展。3岁左右，儿童表现出强烈的独立欲，什么事情都要求自己做、自己来，这就是儿童独立性的表现。随着儿童年龄的增长，5～6岁，儿童的自控力会得到更大的发展。但总的来说，儿童的自控能力还是比较弱的。

三、促进学前儿童自我意识发展的策略

（一）在日常生活中培养学前儿童的自我意识

幼儿园的日常生活包括了盥洗、进餐、喝水等环节，这些事情看起来琐碎，却占据了幼儿一日生活中大部分的时间，要想培养学前儿童良好的自我意识，就必须抓住一日生活的每一个教育契机。

（二）在活动中正确引导学前儿童的自我意识

人的能力是在活动中展现的，每个儿童都有自己的潜能和特长，只有不断地

在活动中给儿童创造机会、提供舞台，儿童才能客观地认识、评价自己的能力。因此，我们应多鼓励儿童大胆地尝试，积极地参与活动。

（三）教师评价学前儿童要把握分寸

学前儿童处于自我意识形成的初期，由于经验少、水平低，他们的自我评价与认识往往依赖于成人，而幼儿教师是他们重要的支持者和引导者，对儿童自我意识的发展起着重要作用，所以教师要做到客观公正地评价儿童。

（四）教师应为学前儿童提供自我评价的机会

自我评价是自我意识的一种形式，自我评价的发展对于学前儿童建立自我意识有至关重要的作用。所以，在活动中多为学前儿童提供自我评价的机会，有利于其正确地认识自己。

（五）家园配合，指导家长实施正确的教育

家庭是学前儿童教育重要的土壤，父母是孩子的第一任教师。家庭教育是学前教育的重要组成部分，家长的言行举止总会潜移默化地影响孩子。所以，为了更好地培养学前儿童的自我意识，教师要经常通过面谈、电话、书信等各种方式与家长联系。

本章小结

气质是人的心理活动表现出来的比较稳定的动力特征，无好坏之分。根据心理活动的强度、平衡性及灵活性的不同，在日常生活中，一般将人的气质划分为四种类型：胆汁质、多血质、黏液质和抑郁质。每个人都有与生俱来的气质类型，无所谓好坏，且都能受到后天环境与教育的影响。因此，首先要明确儿童的气质类型特点，并根据儿童的气质类型加以培养和教育。具体做法有：要依据儿童的气质特点展开抚养和教育；要巧妙地根据不同气质类型儿童的心理特点因势利导；要注意和防止一些极端气质类型儿童的病态倾向发展。

自我意识是指个体对自己所作所为的看法和态度（包括对自己存在以及自己与周围的人或事物的关系的意识）。在自我意识发展的过程中，个体既是认识者又是被认识者。学前儿童自我意识的发展是一个循序渐进的过程，尤其是在儿童 3 岁以后各方面开始发展，具体包括自我认识、自我评价、自我体验、自我控制等。促进学前儿童自我意识发展的具体策略有：在日常生活中培养学前儿童的自我意识；在活动中正确引导学前儿童的自我意识；教师评价学前儿童要把握分寸；教师应为学

前儿童提供自我评价的机会；家园配合，指导家长实施正确的教育。

本章主要内容如图所示：

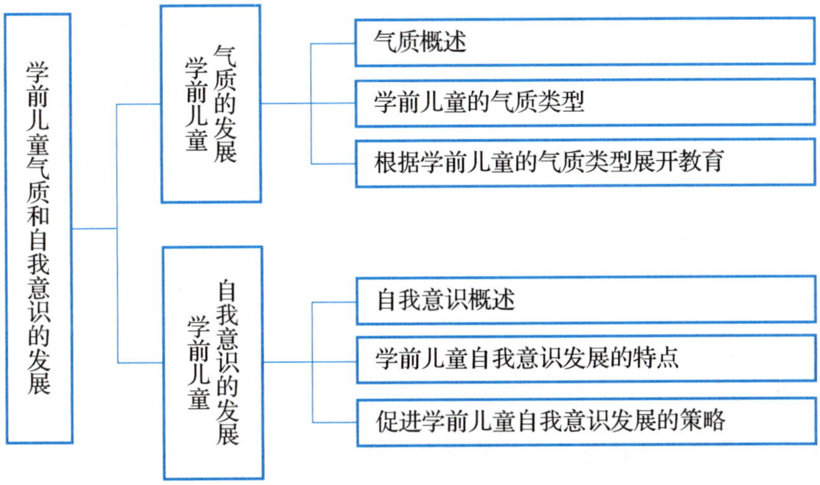

同步练习

一、名词解释

气质　自我意识

二、简答题

1. 学前儿童气质的发展有什么样的特点？如何根据学前儿童的气质类型展开教育？

2. 怎样促进学前儿童自我意识的发展？

三、活动设计题

强强是幼儿园大班的孩子，无论参加什么活动，他都十分积极主动，精力旺盛。强强平时做事很急，想干什么就立即行动，想要的东西也必须马上得到，否则会坐立不安。强强做事有闯劲，但时常马马虎虎。强强待人大方，热情直率，爱打抱不平。强强喜欢别人听从他的支配，否则便大发脾气，甚至动手打人，事后虽也后悔，但当时总是难以克制。

（1）根据强强的上述行为表现，你认为他基本上属于什么气质类型？为什么？

（2）谈谈应如何根据儿童四种不同气质类型的特点，对其有针对性地进行教育。

第九章　学前儿童人际关系和社会行为的发展

学习目标

1. 了解学前儿童社会性发展的重要意义、影响因素。
2. 掌握学前儿童人际关系发展的特征、教育建议。
3. 掌握学前儿童社会行为发展的特征、教育建议。

学习重难点

1. 重点：学前儿童人际关系与社会行为发展的特征。
2. 难点：学前儿童人际关系与社会行为发展的教育建议。

教学建议

在教学中，充分利用讲解法、案例分析法、自我剖析法等引导学生更加清晰地认识到学前儿童社会性发展的重要意义，掌握学前儿童社会性发展的特征与教育建议。

第一节　学前儿童人际关系的发展

人的本质属性即社会性。社会性是指个体在社会生活中表现出来的一切心理和行为特征。绝大多数的个体自出生起，社会生活和实践便彼此相伴，且关系密切。社会生活中的人际关系发展、社会性行为发展又是社会性教育中的重要内容。本章节主要围绕这两个部分展开。

学前期是社会性形成和发展的开端，也是人际关系发展的重要时期。学前儿童的人际关系主要围绕其成长过程中的“重要他人”展开，因此，亲子关系、师幼关系、同伴关系的发展是促进学前儿童社会性发展的重要途径。

一、亲子关系的发展

（一）亲子关系的含义与特征

亲子关系是指主要抚养者尤其是父母，与儿童在日常交往活动中形成的相互作用、相互影响的一种关系。

从亲子关系的含义来看，亲子关系呈现以下特征：

一是父母与儿童应该是相互平等的，双方的关系是人格独立的、拥有各自人权的生物体间发生的联系，双方的平等关系与年龄和身份无关。

二是父母与儿童在交往中互为主体，相互影响。父母是“师者”，先天就承担着养育、教育孩子的任务，但是需要注意的是，在亲子交往过程中，儿童也可能是“师者”，他们也在用自己的成长和行动提醒着父母的“合格与不合格之处”。同样，父母和儿童又都是“学者”，父母与儿童相互学习，调整着彼此相处的方式与风格。因此，从这个意义上讲，儿童也是这段关系中的主动者，亲子交往贯穿人的一生，是需要不断学习、磨合、调整的学问。

三是亲子关系是有多种情感表现形态的，如亲密无间式、相互尊重欣赏的朋友式、互相怨恨的疏远式、互不了解的陌生式等，抑或这几种形式的综合式。亲子关系到底属于哪一种相互作用、相互影响的形态取决于亲子之间的相处之道和双方的态度。

资料链接

中国儿童中心于2017年发布了《中国0—6岁儿童家庭教养中父母角色的调查研究报告》，报告显示超过50%的父母认为，养育后代是父母的共同责任，需要父母“共育”，其中养育的任务包括安全、健康、陪伴（玩耍）、关心孩子的情绪、培养优良的个性品质。

在“共育”的过程中，父母与孩子的关系、教育期望与手段等都是影响其结果的重要因素。尤其是在亲子关系的构建中，受到传统家庭教育思想的影响，“虎爸虎妈”等强势型父母不在少数。这些父母在养育过程中虽然全力以赴，但是却因忽视孩子的实际需要，造成亲子关系的紧张。因此在亲子关系的构建中，父母是否也应该向孩子学习，重塑角色呢？由孙云晓主编的《向孩子学习》一书，在书的封面上就写着这样几句话：“现代社会是两代人共同成长的社会；现代教育是两代人之间的相互影响；向孩子学习是成年人真正成熟与睿智的标志。”在亲子关系的构建中，成人能够放下绝对权威，更加真诚、平等地对待儿童才是好的开端。

（二）亲子关系的主要表现形式：依恋

1. 依恋的含义

依恋是儿童与主要抚养人，尤其是母亲之间形成的一种持久的、影响深远的情感关系。此处所说的关系可能是积极亲密的情感体验，也可能是消极疏离的体会。

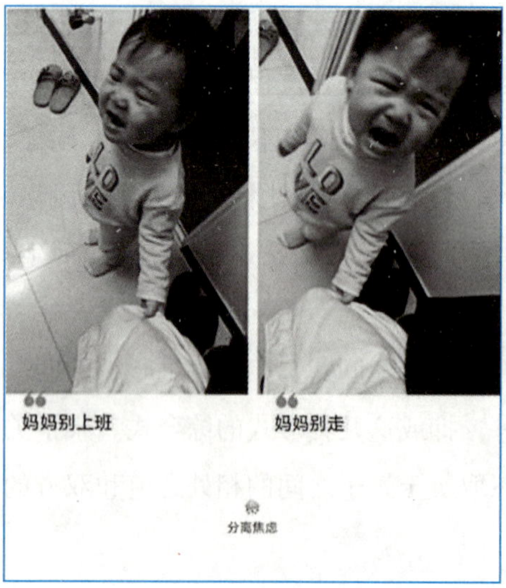

图9－1　因母亲外出而哭泣的婴儿

一般认为依恋形成于婴儿期，其出现的主要标志是与主要抚养人，尤其是母亲分离时产生的分离焦虑，以及与之同时出现的面对陌生人和陌生环境的认生现象。一般认为，如果与母亲建立起比较好的依恋关系，当母亲离开或者与母亲短暂分离时，很多婴儿会表现出哭泣或者焦虑情绪（如图9－1所示），在接触陌生环境和陌生人的开始阶段会出现不适应。

随着婴儿的成长，其在与母亲分离这件事情上的表现也会发生改变或者出现新的表现形式。一方面有些儿童会由最初的哭闹转变为日常的焦虑或者与母亲在一起时更加依赖母亲。这种表现通常会出现在婴儿期，因为这个时候婴儿还不太明白与母亲只是暂时性的分离，由此将分离焦虑延伸到了日常生活中。另一方面可能会在与母亲分离时，想尽各种“拖延”的办法，如“妈妈，抱我一会儿再走”“妈妈跟我玩一会儿再上班吧”。3 岁以后的幼儿已经对“分离”这件事理解得十分透彻，他们会明白：与母亲只是短暂分离而已。因此在与母亲分离时不再会有明显的或长时间的分离焦虑出现。

2. 依恋的类型

前面我们提到过，在亲子关系中，并不是所有关系都是和谐美好的，依恋关系亦是如此。那么如何确定依恋的类型呢？很多学者作了研究，其中比较经典的是安斯沃斯提出的“陌生情境测验法”。

该实验被试锁定在 2 岁以下的婴儿。这样可以最大限度地规避掉个人社交能力的发展这一因素对实验效果的影响。该实验的基本假设为：在陌生情境（陌生环境、出现陌生人员）下，婴儿原本的安全感程度以及向母亲寻求安全感的意图会突出和明显，实验者可以通过观察婴儿的表现来推断其依恋类型。具体而言，该实验的实验程序和观察项目如表 9－1 所示。

表 9－1 陌生情境测验法实验程序和观察项目

实验操作步骤	实验时长	实验者观察项目
1. 实验开始：母亲与婴儿被带到一个陌生的房间中，房间里放有玩具	—	—
2. 母亲在一旁观看婴儿玩耍	3 分钟	婴儿是否能够安心玩；母亲是否能够成为在陌生环境中的安全基地
3. 陌生人走进房间并与母亲交谈	3 分钟	婴儿是否能够安心玩；婴儿对待陌生人的反应
4. 母亲离开，陌生人与婴儿留在房间	3 分钟	母亲离开时，婴儿的表现；母亲离开后，婴儿是否能够安心玩，以及对待陌生人的反应
5. 母亲返回，需要时可向婴儿提供安慰，陌生人离开	3 分钟	与母亲重聚时，婴儿的反应
6. 母亲再次离开，婴儿独自待在房间中	3 分钟	母亲离开时，婴儿是否存在分离焦虑（表现）

续表

实验操作步骤	实验时长	实验者观察项目
7. 陌生人再次进入房间，并与婴儿互动，提供安慰	3 分钟	婴儿与陌生人互动的情况，尤其是面对陌生人的安慰时的反应
8. 母亲返回，向婴儿提供安慰，陌生人离开	3 分钟	与母亲重聚时，婴儿的反应
9. 实验结束	—	—

根据上述实验步骤，通过母亲是否是婴儿的安全基地、婴儿是否存在分离焦虑、婴儿对陌生人的反应、婴儿如何对待母亲的安慰等指标对实验结果进行汇总，发现依恋可以分为三种类型：安全型依恋、回避型依恋、反抗型依恋。这三种依恋类型的具体表现如表 9-2 所示。

表 9-2　三种依恋类型的具体表现

类型	母亲是否是婴儿的安全基地	母亲离开时婴儿是否存在分离焦虑及表现	母亲返回并提供安慰时婴儿的表现	婴儿对待陌生人的反应
安全型依恋	是	是，不安	热情回应	比较随和
回避型依恋	否	否，冷漠	无动于衷	随和与冷漠都有
反抗型依恋	否	是，反抗	寻求安慰又反抗	相当戒备

从实验结果我们不难看出，回避型和反抗型依恋关系对于婴儿来讲都没有形成足够的安全感，属于不安全型依恋关系。在安全型依恋关系中，婴儿从母亲那里获取了足够的安全感，这种安全感可以让他们在陌生环境中或面对陌生人时表现出比较理智和客观的态度，虽然在与母亲分离时是痛苦的，但是母亲走后自己有强大的安全感支撑自己面对一切，表现出了比较强大的能量。在母亲返回后也容易接受母亲的安慰，表现出积极的回应。

3. 影响依恋形成的因素

从已有研究来看，主要有以下三个因素影响了亲子依恋关系的建立：

（1）是否拥有稳定的照料者。一般而言，稳定的照料者才能更加熟悉婴儿的各种反应与需求，能够提供更加有效的支持和回应；稳定的照料者一般也能提供比较稳定的教育要求和态度，婴儿对其生活节奏等能有预知感；另外，稳定的照料者因为长时间和婴儿的接触也会自然而然获得其信任。频繁更换照料者，使得婴儿不仅要频繁面对"陌生人"，还要不断调整节奏，增加了生活中的不确定性，减少了对生活的预知，从而使婴儿安全感降低。

（2）照料者的照料态度与质量。诚然在养育孩子的过程中，父母，尤其是母亲需要付出大量的精力，但是如果照料者出现了懈怠和抱怨，势必会反映在亲子交往中，进而影响到亲子依恋的形成。

资料链接

"我怀孕的时候你们说，坚持9个月，生完就好了。我现在生完了，你们又说，再坚持一个月，出了月子就好了。那么等我出了月子，你们肯定又要说……，那是坚持一段时间吗？根本就是坚持一辈子！"这是电视剧《辣妈正传》中女主人公夏冰刚生完孩子受尽了各种"限制和折磨"后发出的"肺腑之言"。她的这种看法说明了什么呢？如果这样的想法和状态一直持续下去，是否会影响孩子的成长、影响亲子关系呢？答案是肯定的。

在安全型依恋关系下，婴儿的父母在育儿之初就表现出了敏感性、科学性和一致性。他们能够用积极的态度和行动回应婴儿的需求，尊重婴儿的意愿。即使在面对不合理诉求时也能够以合理的方式化解，让婴儿产生一种"有需要可以跟爸爸妈妈提出来""即使不能满足我，也可以告诉其中的原因或者和我一起想办法"的绝对信任感。可以说安全型依恋的幼儿在人之初体验到了足够的愉悦和被满足感。

对于回避型依恋的婴儿来讲，主要抚养者可能会时常出现这两种情况：一是对于婴儿的诉求反应不积极，回应不及时，缺乏耐心和持久性，甚至是经常置之不理或施以权威，强制解决问题。在父母那里，婴儿没有感受到有力的支持，久而久之也就不再寻求支持了，变得无所谓。二是对于婴儿的诉求过分敏感，这类父母总怕给不了孩子最好的，总怕孩子受到委屈，正所谓"要一给十"，没有给其充分的自主空间。对于婴儿来讲，父母的过分关心成了负担，所以干脆就不要"打扰"父母了，从而产生回避的态度。

对于反抗型依恋的婴儿来讲，实际上他们是十分矛盾的状态，既渴望着抚养者的关心与抚慰，又会因为生气和不安产生焦躁和反抗的行为。这种类型婴儿的父母在教养过程中也多呈现不太稳定、不一致的状态，或亲切友好，积极回应，或暴躁易怒，漠不关心。这种不稳定的状态很容易使婴儿产生这样的应对策略，即哭闹、纠缠，他们尝试使用这些“驾轻就熟”的直接手段让父母更加积极地回应他们，满足他们的需求，有所转变。

当然，在谈到照料质量时，我们还不得不思考另外一个问题：到底什么是高质量的照料？请看图 9－2，试着猜想小猴子更喜欢哪个妈妈呢？是绒布妈妈还是铁丝妈妈呢？绒布妈妈虽是木头身，但是外表却是用海绵和毛织物包裹起来的，和猴妈妈一样是柔软的、毛茸茸的。铁丝妈妈顾名思义就是铁丝制成的，但是铁丝妈妈有一个强大的功能，可以提供奶水。

图 9－2 小猴子的绒布妈妈和铁丝妈妈

其实这就是著名的恒河猴实验。实验结果表明，小猴子只有在吃奶时才靠近铁丝妈妈，其他时间尤其是当感受到恐惧时，更愿意靠近绒布妈妈。当绒布妈妈不在时，小猴子表现出了退缩与冷漠。从这个实验中，我们不难发现物质上的满足对于婴儿来说十分重要，是生存的前提，但是精神上的满足与抚慰、心理上的安全感更加重要。因此在照料过程中，物质和精神的双重满足才是高质量的体现。

（3）婴儿自身的特点。这一影响因素其实也印证了前面所讲的亲子关系的含义。在亲子关系中，影响是相互的。如前所述，婴儿的气质与生俱来，容易型和困难型以及迟缓型的婴儿在情感表达速度、方式、情感回应、需求等方面是不一样的。比如困难型气质类型的婴儿，会因为他的高需求和不太规律的生物节律等特点，让照料者很难找到抚养的规律或者适宜的方法，从而产生不安全型依恋关系。

4. 依恋的影响

（1）良好的依恋关系可以促进学前儿童思维等认知能力的发展。相关研究表明，学前儿童时期具有良好依恋关系的人，在长大后更容易适应新的环境和环境的变化，更乐意去接受新的挑战和任务，他们充满好奇心与探究的热情。即使面对困难，他们也能够具有较强的问题解决能力和不急躁的分析能力。

（2）良好的依恋关系可以促进学前儿童情绪情感的发展。安全型依恋的婴儿在生命之初就体验到了信任与被满足，因此他们的情绪状态更平和，在日常生活中，积极情绪表现得也更多一些。即使面对困难或者不满，其情绪的管理能力和控制能力也都相对较好。在与他人交往的过程中，能够表现出较高的移情能力和情商。

（3）良好的依恋关系可以促进学前儿童社会性的发展。安全型依恋关系的人因安全感较高，所以更容易信任别人，愿意与人沟通，表现出较好的社会道德品质和行为，因此也非常容易取得别人的信任，成为团队中的“被信任的人”或者“领导者”。

（4）良好的依恋关系可以促进学前儿童良好个性品质的发展。在和谐友好的亲子关系中，父母给予的更多是尊重、表扬，所以有利于儿童形成良好的自我概念，尤其是比较客观的自我评价。在性格方面，也会比较积极乐观。在世界观方面，也更加优秀和正确，不太会以比较偏激的方式去看待和解读事物。

（三）亲子关系的主要影响因素：家长的教养方式

在亲子关系的构建中，家长与儿童在人格上是平等的，但是确实因为角色的差异、承担的任务不同，家长在很多时候应该体现的是教养者这一引导型角色。因此，家长的教养方式是影响亲子关系的主要因素。教养方式是指父母在养育孩子的过程中表现出来的稳定的、统一的心理和行为的特点与表现。

1. 教养方式的分类

根据父母对待儿童的情感态度，以及对儿童的要求和控制程度，父母的教养方式可以分为四种（麦考比，马丁）：权威型、专断型、溺爱型、忽视型。如果用象限来表示它们的突出特点的话，就如图 9－3 所示。

（1）权威型。这种类型的父母对待儿童的情感态度是积极、温暖但却不失原则的，对儿童的要求和控制程度是严格的。具体表现为：父母对待儿童的诉求是积极响应的，能够尊重儿童的合理诉求和习惯，乐于表扬和赞美儿童的成功与进步，在面对分歧时能够征询儿童的建议并听取。但是同时也是讲求原则的，在面对儿童的错误时能够说明原因并施以合理的惩戒措施。

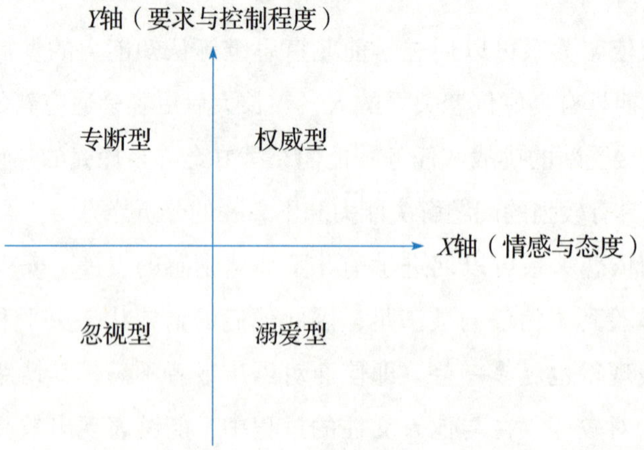

图 9－3　四种教养方式坐标图

（2）专断型。这种类型的父母对待儿童的情感态度是严厉更多一些，有时甚至是消极的，突出表现为对儿童的要求和控制程度很高。具体表现为：父母就是规则的制定者。儿童处于规则的绝对控制之中，不允许任何理由下的改变，一旦改变必然受到惩罚。因此在这样的教养风格下，儿童的诉求尤其是情感和心理发展方面常常被忽视，他们感受到的更多是权威和压力，很少能够从父母那里得到肯定与赞赏。

（3）溺爱型。溺爱型则属于高情感关注，父母对孩子倾注了非常多的情感，是宠爱，甚至是溺爱，对孩子的要求和控制程度很低。具体表现为：在教养过程中，父母对于儿童合理与不合理的诉求一并同意照做，对于儿童的错误会以“他们还小”“他们不懂”为理由去宽容甚至纵容他们，没有原则，甚至没有是非观念。当然，这类型的父母也很少对儿童提出要求。

（4）忽视型。忽视型属于无论是在情感投入和关注程度方面还是在要求和控制方面都是较低的。具体表现为：这种类型的父母很少对儿童提出要求、规则等，但是同样也很少关注其成长的需求，很少进行情感和行动的回应。概括来讲，儿童属于“散养”“孤独长大”的状态。

资料链接

在亲子节目《爸爸去哪儿》（第三季）中，有两对父子（女）在相处过程中发生的各种事件曾经引起了很多人的讨论。他们就是林永健、林大竣与夏克立、夏天。在某一期节目中大竣与夏天接受了村主任安排的“守护冰激凌”的任务，但是执行任务的过程并不是十分顺利。一是冰激凌本身对于小孩子来讲就是一种巨大的诱惑，二是半路出现了“口渴”的胡军。于是在胡军的“主动吃”“诱惑吃”等行为的诱导下两位小朋友也吃起了冰激凌。面对守护任务的失败，两位父亲采取了截然不同的处理方式。

林永健采取的是严厉的质问与批评等措施。“你为什么吃呢”“你吃什么吃”“爸爸不管你了，你自己想想吧”，林永健在批评时说了这样几句话，并且在质问之后留下了独自流眼泪反思的大竣。

夏克立同样也采取了惩罚的措施，他让夏天罚站，并且非常平静地告诉夏天罚站的原因，然后自己坐在一旁陪伴罚站的女儿。

从两位爸爸处理问题的方式中，你有什么启示呢？

当然，我们不能通过一次教育行为就笼统而专断地去判断两位父亲的教养方式，但是他们确实体现出了不同的教养风格，两位孩子在发生错误行为后的心理状态和情感体验肯定也是不同的。

2. 教养方式的影响

不同教养方式会在儿童的成长轨迹中烙下深深的痕迹，带来不一样的影响。

（1）权威型教养方式的影响。权威型教养方式下父母与儿童的亲子关系是十分和谐的，表现出明显的民主性。父母对于儿童来讲像老师，也像朋友。儿童无论是在解决问题还是在与人沟通交往方面都表现出较强的自信和能力，能够与人友好相处，性格比较开朗。

（2）专断型教养方式的影响。专断型教养方式下父母是权威，不允许被挑战，亲子关系是十分严肃，甚至冷漠的。儿童不太善于与人交往，在解决问题时比较容易出现胆小、不自信、自尊心和自我保护意识极强的特点。

（3）溺爱型教养方式的影响。溺爱型教养方式下儿童最大，父母不是权威，常常被儿童呼来喝去，无法享受应有的尊重和权威。儿童更加自我，不懂得考虑他人的感受，缺乏责任感与应有的自控力与意志品质。

（4）忽视型教养方式的影响。忽视型教养方式下亲子关系比较疏远冷漠，儿童没有对父母形成情感的依赖，父母也很少关注儿童。儿童适应能力和交往能力都不是很好，待人冷漠；在学习与解决问题的过程中，不善于与人合作和交往；一般来讲其探究的兴趣也会比较低。

资料链接

近些年，父亲在教养中的角色、参与感与重要意义频频被肯定。但是与此同时，“丧偶式育儿”“诈尸式育儿”等形容父亲育儿方式的网络词语也成为热词。父亲是否真的无力承担育儿任务呢？父亲在教养过程中应该怎样发挥男性角色的优势呢？这些都是值得我们去关注的问题。

其实从日常的观察中我们不难发现，父亲在承担体育活动教育、冒险活动探究、户外游戏活动等方面更具优势，而这些活动对于培养学前儿童的冒险精神、意志品质、强大的思维能力和动手能力有着巨大的推动作用。父亲与孩子进行游戏，对建立良好的亲子关系、促进儿童的健康成长都很有益。

那么以此推想，在幼儿园中，相比女教师，男教师应该发挥怎样的作用呢？

二、师幼关系的发展

（一）师幼关系的含义与特征

幼儿园教师对于幼儿成长的作用以及幼儿在园期间的生活质量的影响不言而喻。师幼关系形成于幼儿在园一日生活的各个环节。那么什么是师幼关系呢？师幼关系是指发生在幼儿园教师与幼儿之间的，能够对双方产生影响的一种关系形态。

师幼关系应该呈现何种特征呢？《幼儿园教育指导纲要（试行）》中指出：“教师

应成为幼儿学习活动的支持者、合作者、引导者。”因此，与亲子关系一样，平等是师幼关系的本质属性。

（二）师幼关系的类型

关于师幼关系的类型，划分标准不同，结果也就不同。在这里考虑到对幼儿人际关系和心理体验的影响，我们选择从亲密和冲突两个维度来解读师幼关系。

根据学者冯婉桢、洪潇楠在2018年发表的相关调查研究结果来看，亲密型的师幼关系目前在幼儿园中占比最大。亲密型师幼关系的主要特征是师幼之间呈现高亲密度、低冲突度的状态。疏离型正好与此相反。另外还有两种类型：矛盾型，呈现高亲密度、高冲突度的状态；冲突型，呈现低亲密度、高冲突度的状态。

资料链接

幼儿到底喜欢什么样的教师呢？回答好这一问题，对于建构良好的师幼关系至关重要。对此也有很多学者作了调查。从教师和幼儿两个维度去作访谈，了解幼儿喜欢什么样的教师，结果发现教师和幼儿在对这一问题的认知上有很大的不同。

从教师角度得出的研究结果是：交往、性格、外貌、认知、生活照顾这样的排序结果。而从幼儿口中我们得到的答案是：交往、生活照顾、认知、性格、外貌的顺序。从研究结果中我们不难看出，交往因素，或者说交往的质量与感受是双方认为最重要的因素。而对于幼儿来说，能够先满足生活需要更加重要，或者说生活需要是幼儿阶段的主要需求，只要教师在相关工作中（尤其是保育工作中）做得到位就很容易建构起和谐的师幼关系。而后才是其他因素。所以我们可以总结出这样的结论：在师幼关系的建构中，幼儿教师要将幼儿当作“平等的人”来交往，又要将他们当作“需要照料的人”来看待。

（三）师幼关系的影响

师幼关系对于幼儿的影响是十分深远和深刻的。良好的师幼关系是幼儿以积极的状态参与幼儿园生活的强大动力，是幼儿在社会生活中获得自信、感受到被支持的重要来源。因此，师幼关系也是幼儿尝试与家庭以外的人交往的重要体验和经验积累。

总之，师幼关系深刻影响着幼儿认知、健康、情绪、个性、社会性等多方面的发展。在师幼关系的建构中，教师的素养起着至关重要的作用。因此，应该做一名什么样的教师是值得每一位教育者终身思考的问题。

资料链接

2014 年习近平总书记在教师节前夕视察北京师范大学并发表重要讲话。习总书记强调：全国广大教师要做“有理想信念、有道德情操、有扎实知识、有仁爱之心”的好老师。从此“四有好老师”成为每一个教师心中的标准和奋斗的目标。

2018 年 9 月 10 日，习近平总书记出席全国教育大会并发表重要讲话。他在讲话中对教师提出了系列要求，如：“教师是人类灵魂的工程师，是人类文明的传承者，承载着传播知识、传播思想、传播真理，塑造灵魂、塑造生命、塑造新人的时代重任。”“人民教师无上光荣，每个教师都要珍惜这份光荣，爱惜这份职业，严格要求自己，不断完善自己。做老师就要执着于教书育人，有热爱教育的定力、淡泊名利的坚守。”

三、同伴关系的发展

（一）同伴关系的特征

与前面的两种关系相同，学前儿童在与同伴的交往中相互影响、相互作用，形成了情感联结。但是相比与成人的关系来讲，同伴关系不需要任何一方主动承担某种责任，因此在同伴交往中可能会出现不对等的关系和社交地位。这是同伴关系不同于前两者的明显特征。

除此之外，同伴关系的发展深受年龄特点的影响，尤其是在幼儿阶段。从这个角度来讲，同伴关系建构到什么程度，相比前两种关系来说，交往双方都非常被动，有时交往的意识并不是十分明确，关系的建构也不是那么的稳固。

再比如婴儿是否能够关注到同伴，能否与同伴分享，这与婴儿自我意识的发展程度息息相关；幼儿阶段是平行游戏关系还是合作游戏关系也受到幼儿社会性情感发展、认知发展等多种因素的制约，这两种关系的出现与年龄有密切关系，不能互换顺序，不以意志为转移。

（二）同伴关系发展的特点

1. 婴儿期同伴关系的发展

婴儿大概在六个月左右，甚至更早就已经开始关注同龄人，只不过因为动作和言语发展的欠缺，最初只能用很简单的表情与发音、默默的注视、肢体的接触等形式来表示。当婴儿看到自己的小伙伴时的反应如图 9－4 所示。

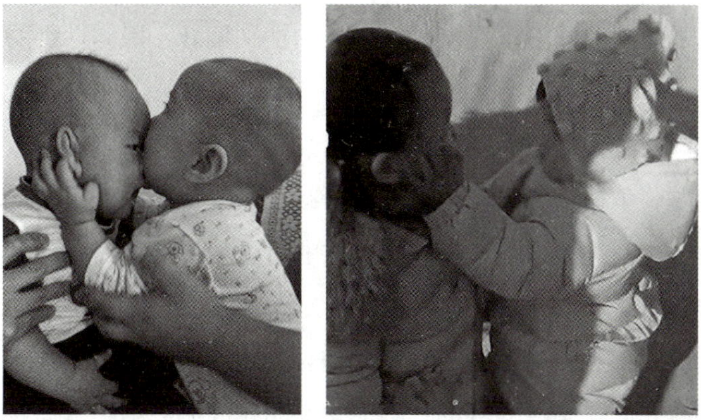

图 9－4　当婴儿看到自己的小伙伴时

随着婴儿的成长，伴随成人的引导，他们开始更加关注小伙伴。比如在外出时，不愿意玩自己的玩具，更想玩伙伴的玩具，虽然此时他们并没有交换和分享的概念；再比如看见熟悉的小朋友时，会报以微笑，在成人的引导下打招呼，有些婴儿还会出现抢东西等互动方式。

在 1 岁之后，婴儿慢慢懂得了与同伴交往的策略，有了更加明确的交往意识，但是此时交往的对象还不会呈现固定性的特点。此时，他们掌握了“外出携带玩具”“交换玩具”更容易引起同伴的注意的策略；在与小伙伴玩耍时，出现了更多的互动，比如“相互模仿”“分享”等；遇见熟悉的小伙伴一起玩耍更开心，当熟悉的小伙伴不在现场时开始有意识地寻找。

在 2 岁以后，初步的“友谊”的意识萌发，愿意跟固定的同伴玩耍，开始会用语言表达“谁是我的好朋友”等；交往的策略慢慢增多，比如从交换玩具到关心同伴；交往的意识也更加明显，比如能够主动询问是否可以一起玩，能够通过评价同伴行为的适宜性来决定跟谁玩，能够主动与同伴打招呼，并且询问同伴的情况等。在游戏中开始出现最初的角色分配，尽管有时会产生争执或者角色意识并不明确。

2. 幼儿期同伴关系的发展

幼儿期同伴关系进一步发展。在小班阶段幼儿交往意识和手段进一步增强，友谊的概念进一步发展，甚至形成自己的小团体，但是友谊的关系不牢固，非常容易和同伴发生争执或争抢。在同伴关系的建构中也容易受到身边的成人对其同伴评价的影响。

中班幼儿的分享意识得到发展，相比小班来说争抢现象有所减少，开始能够通过“情感”这一手段维系友谊。比如同伴生病了，他会表示难过或者会提供帮助。但是与人交往的经验和策略不够丰富，中班阶段告状行为也十分突出。在交往的范围和偏好上，中班幼儿开始呈现出更加明显的性别偏好，即同性别的幼儿更容易成为好朋友。

大班幼儿同伴关系处理的能力进一步增强，有了比较稳定的友谊关系，不会再轻易更换好朋友，争抢、告状行为也会有所减少，处理人际关系的策略增加，因此也出现了合作、协商等能力。在与同伴交往的过程中，出于对同伴的喜欢，可能提出要和同伴结婚的请求，进入“婚姻敏感期”中。

当然，同伴关系的产生有一个十分重要的载体，那就是游戏，因此从游戏中也更能体验到幼儿同伴交往的特点。心理学家帕顿的研究结果就向我们证明了这一点，如图 9－5 所示。

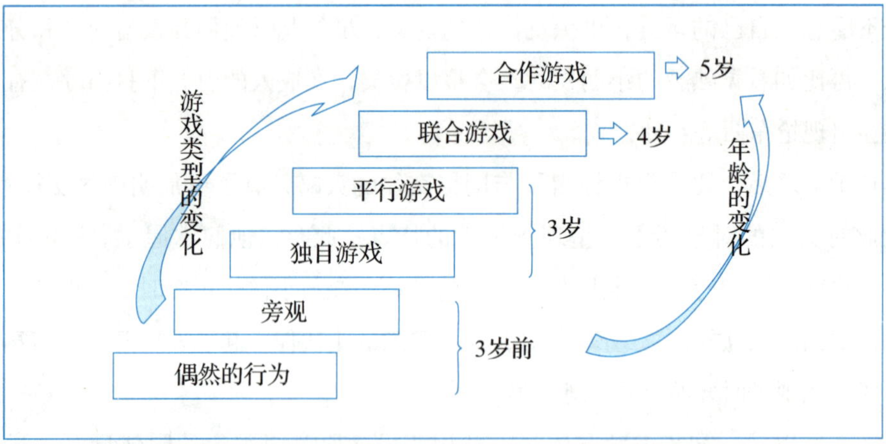

图 9－5　帕顿的幼儿游戏的分类（从社会参与角度）

（三）同伴关系中的社交地位

在前面的讲解中提到过，因为在同伴交往中，都是“同龄人”，没有人有天生承担某种义务的职责，所以更容易出现“不同社交地位”的状态。那么如何去测量学前儿童同伴关系中的社交地位呢？“同伴提名法”是目前被运用最多的方法。同伴提名法的操作，如表 9－3 所示。

表 9-3 同伴提名法的操作

一、基本要求 1. 相对安静、独立的环境，环境中最好不要有诱发幼儿注意力转移的东西。 2. 实验者应该一一询问被试（幼儿），并与被试建立起相对熟悉和良好的关系。 3. 准备并熟悉测试班级的花名册。 二、程序 1. 实验者询问幼儿：请说出你的班级中你最喜欢的三个小朋友的名字（提示：如有遗忘或表达困难时可适当提醒和引导，但不能诱导；经提示仍然不够数量的，也可以结束此环节）。 2. 实验者询问幼儿：请说出你的班级中你最不喜欢的三个小朋友的名字（提示：如有遗忘或表达困难时可适当提醒和引导，但不能诱导；经提示仍然不够数量的，也可以结束此环节。 三、统计 按照“最喜欢”“最不喜欢”两个维度统计班级幼儿被提名的次数并记录得分，每提名一次记一分。

经同伴提名法测定，在幼儿期同伴交往过程中，同伴社交地位可以分为“受欢迎型”（在最喜欢这一项中得分最高）、“被拒绝型”（在最不喜欢这一项中得分最高）、“被忽视型”（在两项中得分都很低）、“一般型”（在两项中都有得分且相当）四类。那么“受欢迎型”幼儿一般呈现什么样的特点呢？研究发现，具有良好社会性和个性品格的幼儿更加受到同伴欢迎。比如愿意分享、较少产生攻击性、性格积极开朗等。反之则容易受到“拒绝”。“被忽视型”的幼儿通常表现出比较被动的状态，比较胆怯，很少主动表现自己。

四、学前儿童人际关系发展的教育建议

（一）成人主动承担其义务与责任，以身示范

在亲子关系和师幼关系中，家长与教师因为角色的关系与生俱来承担着“养育”和“教育”的责任，具有关系建构的主动性。在学前儿童心目中具有天生的“权威性”，事实上成人也具有更多的经验，所以成人要学会以身示范，以民主、尊重、平等的态度去和儿童建构关系。

（二）给予学前儿童建构人际关系的机会和自主性

在人际关系的建构中，学前儿童能否有机会和自主性也是建构成败的重要影响因素。教育者要创造各种机会，让儿童与不同类型、不同年龄、不同行业的人有交往的机会，在实践中体验人际交往。

当然，在交往过程中，儿童有自己的节奏和策略，成人切忌将自己的经验照抄照搬给儿童，不要过多过早地干预他的正常交往，要给予儿童自己处理问题的空间。

（三）有意识地教给学前儿童一些人际交往的策略

成人可以有意识地通过角色扮演、绘本讲解、游戏等方式教给或者帮助儿童总结反思与人交往的经验和策略。这些经验和策略包括：如何开启与别人的交往，如何经营与他人的关系，如何处理与同伴的矛盾，如何应对交往的失败，等等。

第二节　学前儿童社会行为的发展

社会行为分为亲社会行为和反社会行为。虽然反社会行为是我们不提倡的，但是它确确实实存在于我们的生活中，需要教育者去关注和引导。

一、亲社会行为

（一）亲社会行为的含义与表现

亲社会行为是指个体实施的有益于他人、有益于社会的积极行为。亲社会行为主要包括助人、安慰、分享、捐赠、合作等行为。亲社会行为的存在使得人类社会的发展更有“温度”，也使得人类社会群体性和团体性的特点得以维持发展，是具有积极意义的社会行为，值得提倡。

（二）亲社会行为的发展

学前儿童时期就已经产生了亲社会行为。总体而言，随着年龄的增长，亲社会行为无论是类型还是频次都会有所增长。

学前儿童亲社会行为呈现出以下特点：从实施的主动性来看，是越来越高的。从实施的范围来看，从只指向熟悉的人扩展到更广泛的社会层面。从实施的过程来看，从重视关注个人的体验到关注他人的体验。从实施的质量来看，逐渐提升和精确化。从产生的原因来看，主要包括以下四个方面：一是移情能力的发展；二是对亲社会行为结果的认知，如成就感、来自被帮助者的鼓励和表扬等都会促进其亲社会行为的增加；三是因好奇心强而产生的强烈的参与欲望；四是对成人行为的模仿。从内容来看，在学前儿童生活中明显出现的亲社会行为主要包括助人、分享、安慰、合作等。

1. 助人行为的发展

对于小班幼儿而言，很多助人行为是由于受到周围人的提示而产生的。他们更加愿意帮助自己熟悉的人，对陌生人的关注度不高。从助人的过程来看，他们更加关注自己是否已经帮助别人，不能很好地意识到别人是否愿意接受帮助，不能很好地判断帮助的程度和结果。在实施的质量上来看，助人行为精确度不高，更多体现出以自我为中心的特点，很多时候他们帮助别人更多的是因为自己的好奇心和参与感，如图 9－6 所示。而且需要注意的是小班幼儿经常会因为能力不足将“帮忙”变成“帮倒忙”。很多教育者可能因此而误会他们是在故意捣乱。

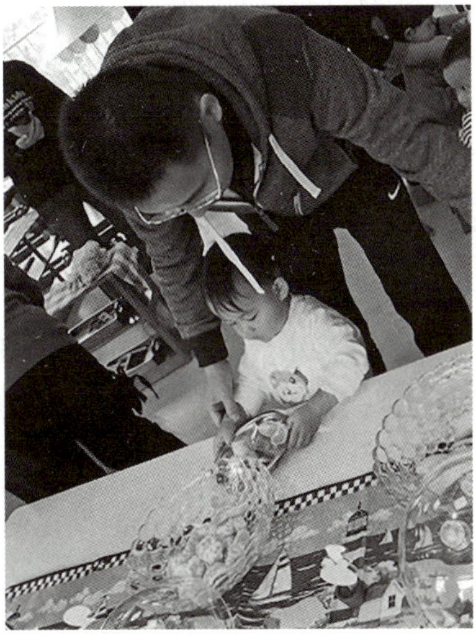

图 9－6　亲子活动中帮爸爸端水果的幼儿

中大班幼儿，尤其是大班幼儿，在帮助别人前会更加明白要权衡自己是否有能力帮助别人，别人是否愿意接受自己的帮助。在帮助别人的过程中，他们不仅更具责任感，扩大了帮助的范围，更重视帮助的过程，还会注重结果，确认自己是否帮助到了别人。如图 9－7 所示，幼儿园大班幼儿为了让环境更美好，主动提出去小区里捡垃圾。

图 9－7　主动去捡垃圾的大班幼儿

2. 分享行为的发展

分享行为在幼儿园小班是比较难做到的，或者说是幼儿不能主动做到的。因为这时幼儿自我意识处在萌芽阶段，加之思维的自我中心性的特点，幼儿对于“物品的归属感”有强烈的意识，也不能够很好地从他人的角度思考问题，因此并不愿意与同伴或他人分享东西或者情感。这一情况在中大班有所改变，但是更多地表现在对物品的分享上面。对于情感的分享，尤其是在亲密关系方面，仍然不愿意与他人共享甚至会产生嫉妒心理。比如在“全面二孩”政策下，很多家庭中有了第二个孩子，如何让老大接受老二的存在，与老二一起共享父母的爱与照顾成了一些家庭的棘手问题。

3. 安慰行为的发展

安慰行为在小班阶段主要表现为安慰手段单一且具有自我中心性的特点。比如面对哭泣的同伴，他们只是学着成人的样子说“别哭了”“我抱抱你吧”“把我的好东西分给你”。到中大班他们还能结合哭泣的原因，或者用“我来给你讲个笑话吧”“你能告诉我你现在的心情吗”等更加丰富的话语来安慰他人。

4. 合作行为的发展

真正的合作行为一般出现在大班阶段。这个时期他们有了更加明确的任务意识，能够通过协商解决问题、制定规则等，所以这个时候才真正产生合作行为。

二、反社会行为

（一）反社会行为的含义与表现

反社会行为是指个体产生的有损他人或社会利益的消极倾向和行为。反社会行为主要包括攻击性行为、嫉妒行为、破坏性行为、残忍行为、欺骗行为等。在学前阶段，攻击性行为是学前儿童主要的反社会行为。

（二）反社会行为的发展

1. 攻击性行为的发展

攻击性行为是指个体有针对性地实施的出于敌意或工具性目的伤害他人的行为。

攻击性行为可以分为两类：一类是工具性攻击，另一类是敌意性攻击。工具性攻击是指个体为了实现自身的某种目的而采取的伤害性行为。所谓敌意性攻击，是指为了伤害他人或他物而有意实施的行为。

幼儿期攻击性行为呈现出以下特点：

（1）从攻击的手段来看，身体攻击与言语攻击在不同年龄阶段占比不同。年龄越小，身体动作的攻击就越占据主要地位，这是因为幼儿言语表达发展不充分、情绪的自我管理能力不够好等。随着年龄的增长，言语攻击逐渐占据主要地位。

（2）从攻击的性别差异来看，男女存在不同。已有的研究从生物学角度得出这样的结论，即受到激素和遗传等因素的影响，男孩比女孩更具攻击性。但是除此之外，男孩和女孩在攻击的形式上也存在不同，女孩更倾向于语言上的攻击，而男孩更倾向于殴打等行为上的攻击。

（3）从攻击的频率来看，随着年龄的增长，学前儿童的情绪和人际交往策略等逐渐发展成熟，攻击性行为呈现减少的趋势。

（4）从攻击性的类型来看，工具性攻击和敌意性攻击都有可能在学前阶段出现，但是一般而言随着年龄的增长，敌意性攻击会有增加的趋势。

2. 其他反社会行为的发展

其他反社会行为在幼儿期也有所体现。比如嫉妒行为随着幼儿自尊心和占有欲等的出现而出现。再比如欺骗行为，会随着虚荣心和自我满足等的出现而出现。破坏性行为也会随着好奇、敌意等的出现而出现。整体而言，其他反社会行为中大班发生的频率要高于小班。

三、学前儿童社会行为发展的影响因素与教育建议

（一）生物因素与教育建议

影响学前儿童社会行为发展的因素首先是生物因素，生物因素中包括激素的分泌、生物遗传、气质等方面。

从激素分泌的角度来看，在自然界中大多数雄性动物会比雌性动物在种族中更具权威和攻击性，本领相对也更厉害些。大多数雄性动物担负着保护弱小与雌性动物的职责，所以它们会表现出较强的攻击性。人作为高级动物，在这一点上类似。所以这也可以回应部分学者的研究结果，即男孩比女孩更具攻击性。

从生物遗传角度来讲，存在“优胜劣汰”的现象。因此能够遗传的不仅仅是那些强大的物种，通常还有与此相关的优秀品质。比如群居可以应对更加严重的威胁，因此乐群性被人们广泛接受并遗传下来了。再比如帮助与安慰别人，可以让人们之间的情感更加紧密，因此也被遗传下来。其实人类文明也是这样一步一步积累形成的。所以亲社会行为在人的遗传过程中自然习得或者因传承而被保留、发扬。

从气质的角度来看，气质与生俱来，很难改变。已有的研究结果发现，气质类型与人的神经系统的活动特点，抑或是“体液”有关系。而这些也都与生物学相关。

因此，这也提示教育者，在教育过程中要因材施教，根据性别和气质类型的差异有针对性地采取教育措施，更好地规避儿童自身的弱点或者容易产生问题的诱因，更好地引导儿童亲社会行为的发展。

（二）社会因素与教育建议

社会因素主要包括家长与同伴等人的影响作用、社会文化与氛围等环境因素、大众传媒的影响等。

作为学前儿童成长过程中的重要他人，家长与同伴起着重要的作用。对于家长而言，最初与儿童之间是否能建立起安全型依恋关系，让儿童获得足够的安全感等都影响着其行为的发展。家长的教养方式同样也起着深刻的作用。对于同伴而言，同伴的影响与相互模仿也是影响儿童行为的重要因素。

因此，重要他人的合理引导与积极的相互影响应该是教育者的主要工作内容之一。

资料链接

笔者曾经接触过这样一位家长，他是一位5岁男孩的父亲。他说他的育儿理念是："男孩子就是要争强好斗，不能软弱""我在家经常告诫儿子，孩子别怕，谁欺负你就打他们，再不行告诉爸爸，爸爸就是用来替你出气的"。在他看来，"解决问题的唯一手段就是打斗，如果不打就是懦弱的表现"。试想如果丢掉了冷静与解决问题的有效策略，这个男孩在幼儿园中的表现会是怎样的呢？这个男孩在幼儿园中极度敏感，过于保护自我，将同伴的很多正常行为都看作是"有敌意的"，因此"发脾气""打骂其他小朋友"成了他在幼儿园中的常见表现。

社会文化与氛围也是影响人的行为的主要因素。尊老爱幼是中华民族的传统美德，在很多人的心中深深植根，但是近些年我们通过媒体的报道了解到一些"因为扶起摔倒的老人而给自己带来不必要的麻烦，甚至纠纷"的事件，于是一部分人开始退缩，或者是迷茫，不知道该怎么办。"摔倒的老人该不该扶起来"成为社会热议的话题。在这个事件中，传统文化与现代社会的某些风气形成了一个矛盾点，虽然这样的社会风气是不正确的、不好的，但是确实影响着人的行为。这也提示教育者，成人的良好示范、友好而温暖的社会文化与氛围都是影响儿童行为的重要因素。

大众传媒对人的行为的影响也是不可忽视的。尤其是现阶段，互联网与自媒体的快速普及，深刻影响着人的观念和行为，特别是“三观”还在建立中的学前儿童。学前儿童会因为观看暴力卡通片而模仿其中的片段做出伤害同伴的行为，也会因为受到某些制作较差的节目的诱导，而做出一些错误行为。

所以这也提示我们在为学前儿童选择节目和文学作品时，科学性、准确性、示范性、适龄性都是要考虑的因素。

资料链接

班杜拉是社会学习理论的主要代表人物。他认为：在儿童的学习过程中，观察是其重要的学习手段。人们在观察中习得知识与技能。榜样与社会环境对于人的行为具有重要的影响作用。班杜拉通过两个经典的实验“赏罚控制实验”和“口头劝说和榜样行为对儿童利他行为的影响的比较实验”说明了自己的观点。

（三）个人因素与教育建议

内在动机也是影响行为的重要因素。学前儿童本身如何看待他人的行为、如何识别并解读情境信息都对其行为具有重要影响。

资料链接

一位 6 岁男孩的母亲曾经遇到过这样一个难题：每天去幼儿园接孩子时，都会看到自己的儿子同班级中的另外一个男孩“打斗”，有时候自己的儿子似乎很吃亏，有时候似乎又能“战胜”伙伴。

作为母亲，她非常不解也非常焦虑。可是当她问孩子的时候，孩子这样回答：“妈妈，我们没有打架，我们是在打着玩。”母亲半信半疑地将问题反馈给了班级的教师。教师经过观察与询问得知，他们确实是在“打逗”，而不是“打斗”，这是他们的游戏方式。

这个案例告诉我们个体如何去识别情境信息和他人行为影响着自己的判断与动机。

所以这就提示教育者一定要通过谈话、情境理解、角色扮演等多种手段帮助学前儿童有效地识别信息并解读，引导其合理归因，及时强化和鼓励儿童的积极行为，发展儿童的移情能力等。

本章小结

社会生活是个体发展过程中的重要组成部分，其质量直接影响着儿童成长的质量，因此社会性发展的重要意义也就不言而喻。作为教育者，我们必须全面了解和把握学前儿童社会性发展的特点，以便在今后的生活和教育中更好地指导和帮助他们。

学前儿童社会性发展主要包括人际关系、社会行为等多个方面。对于学前儿童来讲，其生活和成长中的重要他人主要包括父母、同伴、教师。在与三者交往过程中的体验会深刻影响学前儿童社会性的发展，了解学前儿童与三者之间的关系如何建立、建立过程中的发展特点、影响因素等至关重要。因此在学前儿童人际关系的发展一节中，详细介绍了亲子关系、师幼关系、同伴关系的发展，并在此基础上提出了教育建议。

学前儿童社会性的发展还体现其社会行为中。社会行为主要包括亲社会行为和反社会行为。在学前儿童成长过程中，亲社会行为主要表现为助人行为、分享行为、安慰行为、合作行为等。反社会行为虽然我们极力反对，但是不可否认它在儿童行为中有所显现，如攻击性行为。因此在学前儿童社会行为的发展一节中，详细介绍了不同的亲社会行为和反社会行为的发展特点、影响因素与指导建议。

本章主要内容如图所示：

- 学前儿童人际关系和社会行为的发展
  - 学前儿童人际关系的发展
    - 亲子关系的发展
    - 师幼关系的发展
    - 同伴关系的发展
    - 学前儿童人际关系发展的教育建议
  - 学前儿童社会行为的发展
    - 亲社会行为
    - 反社会行为
    - 学前儿童社会行为发展的影响因素与教育建议

同步练习

一、名词解释

社会性　依恋　陌生情境测验法　亲社会行为　反社会行为

二、简答题

1. 简述常见的四种家长教养方式及其影响。
2. 简述学前儿童人际关系发展的教育建议。
3. 简述亲社会行为包含的主要内容。
4. 简述学前儿童攻击性行为发展的特点。
5. 简述学前儿童社会行为发展的影响因素与教育建议。

三、活动设计题

1. 结合自己的成长经历和本章所学内容，设计介绍个人社会性发展的思维导图或海报。

2. 寻找有关社会性发展的绘本，分析绘本中蕴含的社会性教育内容，并设计一个相关游戏或教育活动。

第四部分

学前儿童心理健康的促进

第十章　学前儿童游戏心理的发展

学习目标

1. 了解关于游戏起源与游戏心理的相关理论观点。

2. 了解不同角色和身份对学前儿童游戏和游戏心理的认知。

3. 体会游戏对于学前儿童心理发展的价值。

4. 掌握学前儿童游戏心理发展的趋势与教育建议。

学习重难点

1. 重点：游戏对学前儿童心理发展的价值；学前儿童游戏心理发展的趋势与教育建议。

2. 难点：学前儿童游戏心理发展的趋势与教育建议。

教学建议

在讲解法的基础上，充分结合案例分析法与实践教学法，帮助学生加深对游戏价值和游戏心理发展趋势的理解，提升游戏心理发展的指导能力。

第一节　学前儿童游戏心理概述

一、游戏与游戏心理的相关观点

什么是游戏？游戏的起源与何有密切关系？游戏心理的存在是以何为基础的呢？下面我们尝试通过不同理论流派与不同角色和身份对于游戏的体验与认知来了解。

（一）不同理论流派的看法

在研究过程中，学者们从文化发展、心理发展、社会学发展、生态学发展等方面对游戏进行解读，产生了诸多观点。

1. 从生物学发展角度看游戏

从生物学发展角度出发的理论观点更加关注人的身心发展的原本需要，认为游戏是身心发展过程中自然出现的现象，游戏承担着促进身心健康的重要作用。

按照这种假设，游戏心理也是生物体发展过程中自然和必然出现的一种心理状态。在这种基本假设下，主要的观点有：

（1）复演说。这一观点的代表人物是霍尔。他认为儿童的游戏和遗传关系密切。首先，游戏的内容来源于祖先的生活，或者说祖先的生活被儿童以游戏的方式重新显现出来了。其次，游戏的动作或者主题也是可以通过遗传获得的，是对祖先的某些生活内容或其他内容的复演。

按照这一观点，游戏心理是在一定的遗传基础之上产生并发展起来的。

（2）剩余精力说。这一观点的代表人物是席勒和斯宾塞。他们认为生物具有维持自身生存的能力和精力。但是在生物体的发展过程中，除去维持自身基本生存需要的精力之外，尚有剩余。这些剩余的精力如果没有被消耗释放的话，就会引发危机。因此游戏成为宣泄剩余精力的重要途径。

按照这一观点，游戏心理是在身体发展需要被满足的情况下而产生的心理需求状态，而且能够帮助化解成长中的危机。

（3）松弛说。这一观点的代表人物是拉察鲁斯。他认为游戏可以帮助生物体恢复精力，消除疲劳，起到放松身心的作用，使得生物体更好地生存与成长。

（4）发泄说。这一观点的代表人物是弗洛伊德。他认为性本能（力比多）是人一切心理活动的内在动力。但是性本能遵循快乐原则，因此在实际生活中经常与现实和规则等发生冲突而无法释放。那么一旦性本能力量积聚过多，就会发生问题，尤其是人的心理问题。因此游戏就成了发泄这种力量的途径。

按照以上两种观点，游戏心理的存在是促进身心发展的重要因素，是发展过程中必不可少的。

2. 从社会生活角度看游戏

从社会生活角度出发的理论观点认为游戏是可以帮助个体适应或进行社会生活的途径，因此游戏心理同其他心理状态和发展需要同等重要。在这种基本假设下，主要的观点有：

（1）生活练习说。这一观点的代表人物是格罗斯，他认为儿童在进入纷繁复杂的社会生活之初，为了更好地适应社会生活，会事先通过游戏进行练习。游戏是生存发展的需要。

（2）成人社会生活的复演说。这一观点的代表人物是维果斯基。他认为儿童的发展受到其所处社会环境和文化的影响。儿童的游戏也不例外。儿童的游戏就是对他们所看到的成人生活的模仿和再现，是在假想情境中进行的社会性实践，在这种实践中，儿童掌握了社会关系，学习和练习了社会规范。

按照以上观点，游戏心理是随着人的社会性发展和社会生活的进行而产生的一种需求，或者呈现出来的一种状态与特征，为社会生活服务。

3. 从心理发展需要角度看游戏

从心理发展需要角度出发的理论观点认为游戏是儿童心理发展的需要和显现。在这种基本假设下，主要的观点有：

（1）满足内心欲望说。这一观点的代表人物是萨立。他认为儿童对于游戏的兴趣、对于角色的选择与扮演实际上是满足自己内心幻想的需要，这种需要的满足可以促进其心理的发展。

（2）认知动力说。这一观点的代表人物是皮亚杰。他认为游戏不仅可以增进儿童对客观世界的认识，更重要的是游戏是儿童同化相关社会经验的一种方式。游戏能够促进儿童认知的发展。

（3）学习说。这一观点的代表人物是桑代克。他认为游戏同样也是一种学习，这种学习受到行为主义提出的“练习律”和“效果律”的影响。

按照以上观点，游戏心理是儿童心理发展的需要和显现，其存在具有巨大的价值，如促进认知发展，满足想象的发展需要，甚至其本身就展现了一种学习状态。

资料链接

关于游戏的研究视角还有很多，比如文化学的视角、语言学的视角，再比如人类学的视角，或者生态学的视角。由此而衍生出来的游戏理论也非常多，比如在上文中没有提到的游戏的觉醒理论、游戏的元交际理论等。在这里需要提示的是各个理论流派侧重点不同，其观点也是各有千秋，因立场原因也存在着视野狭窄化、绝对化等特点，会出现过于重视某一因素而忽视其他因素的问题。

（二）不同角色和身份的看法

从现实角度来讲，角色和身份不同，对于儿童游戏和游戏心理的体验和看法也不尽相同。儿童的游戏，涉及最多的是教师、家长、儿童三方。那么他们对游戏的看法如何呢?

1. 从教师角度看游戏

笔者曾经对某市幼儿教师作过相关的随机访谈和观察，结果发现教师对“游戏是幼儿的基本活动、主要学习方式”“幼儿园应当将游戏作为对幼儿进行全面发展教育的重要形式”“幼儿园应当因地制宜创设游戏条件，提供丰富、适宜的游戏材料，保证充足的游戏时间，开展多种游戏”等游戏的理念和对于游戏的要求在观念层面是了解的，甚至是烂熟于心的。教师们对于游戏心理的存在与发展的价值都是十分认可的。

在执行层面，无论是课程设计还是区域游戏，无论是教师组织的游戏还是幼儿自发的游戏，无论是游戏的观察还是游戏的干预、材料的投放等，教师都掌握了一定的方法和原则。但是相比观念上的掌握，操作层面还存在一定差距。尤其是游戏心理发展的指导方面，如在游戏的观察、干预以及后续有效游戏的支持和引导方面都存在一定困难。教师的相关理念和支持水平也影响着幼儿的游戏质量和心理体验。

2. 从家长角度看游戏

从家长角度来讲，很多家长从观念上认为“爱玩是孩子的天性”，对于孩子游戏心理的需求有一定的了解。但是从实践层面来说，他们也会因为孩子玩了“不该玩”（家长认为的）的游戏，或觉得孩子的游戏太“小儿科”，或觉得孩子总是“重复玩”某个游戏等现象而不支持孩子的游戏和需求。

其实这也说明家长对于学前儿童游戏和游戏心理的看法还是存在一定偏差的。

部分家长甚至会在一定程度上认为儿童的游戏是孩子自己的事情，游戏中体现的智力因素不高，游戏的价值仅仅停留在“玩”的水平上，因此在亲子游戏、游戏的深度学习上也存在一定问题。与教师一样，家长的这种态度也会影响到学前儿童的游戏行为。

3. 从儿童角度看游戏

无论是婴儿期还是幼儿期，都会出现这样一种现象，即把一切能够引发欢乐情绪的行为都定义为“游戏”，哪怕只是很简单的一个动作。比如两岁的女孩在脱外衣时，不小心把穿在里面的T恤的袖子也脱了下来，空空的袖子不断在空中摇摆，于是这种摇摆对她来说也成了一种游戏，要重复玩。

所以从儿童角度来讲，他们是喜欢游戏的，具有强烈的游戏意愿。游戏能够带给他们愉悦的体验，满足其各项心理需求。年龄越小，对于游戏与非游戏存在区别的意识越不明显，即对于年龄小的孩子来讲，一切都可以当成游戏，从中找到游戏的乐趣。如图10－1所示，在美术领域教育中，为画作涂颜色都被小班幼儿当作游戏，他们看起来很享受来回涂抹的过程。但是到中大班后，很明显他们会把这种涂颜色当成是完成作品的一部分工作。

图10－1 “涂颜色”的游戏

如图10－2所示，在小班体验感知“摩擦起电”的活动中，教师请幼儿拿保鲜膜在自己的头发上摩擦，然后吸起盒子中的纸屑。结果课程结束后很多小班幼儿告诉教师：“老师，刚才的游戏太好玩了，我还想玩。”这都说明对年龄小的孩子来讲，一切皆游戏，他们不能明确游戏与非游戏的区别，是否好玩是他们判断是否是游戏的重要标准。总之，游戏心理是他们的本真状态，可以为他们带来巨大的欢乐与探究欲望。

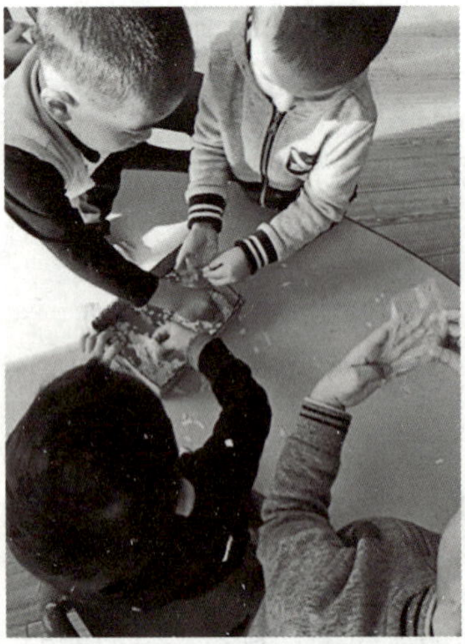

图10－2 摩擦起电的体验

二、游戏心理的特征

（一）游戏心理与身心发展的需要紧密相关

游戏和游戏心理的产生是基于学前儿童生理

与心理发展需要的。在生理发展方面，学前儿童在运动游戏和其他游戏中，发展了对自己身体部位和功能的认识，锻炼了能力，习得了相关知识和技能。在心理发展方面，学前儿童通过游戏，满足了对于生活的幻想，表达了自己的意愿和感受，深化了与同伴的关系，学会了处理矛盾，激发了探究的欲望，等等。游戏充实了儿童的内心世界，因此也受到儿童的喜爱。游戏心理的存在对其来说就是成长过程中出现的一种需求。如图 10－3 所示，大班幼儿在角色游戏中体验了古人的生活，了解了服装与佩饰等的知识和文化。学前儿童的任何游戏都不是无根之木，都是植根于其生活经验或者需求的，或来源于兴趣，或来源于求知欲，或来源于生理需要，等等。

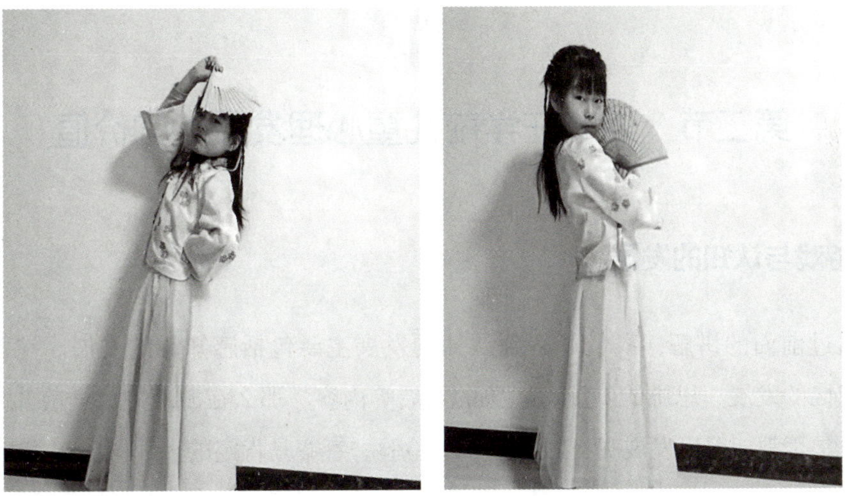

图 10－3　大班幼儿在角色游戏中对古代服饰的感知

（二）游戏心理的存在能够促进学前儿童的身心发展

游戏是具有价值的活动，不是成人以为的“浪费时间”“漫无目的地瞎玩”。在游戏中儿童探究事物、发展认知，了解生活、发展经验，与自己对话、与同伴相处等，从而促进自己的身心发展。

观察任何一个年龄阶段的学前儿童，观察任何一所幼儿园，我们最常看到的就是儿童展现出来的笑容与放松的状态。游戏中的儿童是投入的，是快乐的，是积极的，这也是游戏的显著特征。虽然随着年龄的增长，儿童在与同伴的游戏过程中会出现争执，甚至会不欢而散，但这些都没有关系，因为这不仅能够让他们体验情绪，发展移情能力，还可以促进其商讨、合作技能等社会性的发展。而且基于游戏心理的需求，在游戏中他们的语言、认知、探究等能力都可以得到调动和发展。

资料链接

在中班角色游戏观察过程中，杜老师发现旺旺最近一个月总来“娃娃家”，而且来到“娃娃家”就带着他的“孩子”（小兔子）走到区角的沙发那里和小兔子“谈话”，总是上演“他要出差，小兔子舍不得他离开”的情景。后来杜老师通过持续观察和与家长的沟通发现，原来是旺旺的妈妈因为工作调动去了外地，只有周末才能回家。旺旺之所以每天选择来“娃娃家”是在抒发对妈妈的思念。目前家中只剩下爸爸和他，爸爸因为工作忙，很少照顾旺旺。所以“娃娃家”的游戏为其找到了情绪的释放途径。

第二节　游戏在学前儿童心理发展中的价值

一、游戏与认知的发展

通过前面的讲解，我们了解到认知的发展主要包括感知觉的发展、注意的发展、记忆的发展、思维的发展、想象的发展等内容。那么在游戏中，学前儿童的这些能力是否都能得以发展呢？经过实践的检验，答案是肯定的。

（一）游戏与感知觉、注意和记忆的发展

儿童年龄越小，感知觉在其认知事物的过程中的作用就越明显。同样，年龄越小，游戏在其发展中的作用也就越大，或者说他们的一切行为、一切感知觉的探索对他们来讲都是游戏。

比如刚出生几个月的婴儿，因为偶然的原因碰到了身边的健身架，健身架上的装饰品发出了叮叮当当的声音，那么接下来你会看到婴儿总是试图用手或者脚去触碰健身架，使其发出声音。这一感知觉的探索让他体验到了最初的因果关系和自己的能力，对他来说这就是能够带来乐趣与成就感的游戏。

再比如幼儿园中经常出现的“大小声的游戏”，即在师幼互动中，老师大声说话时，幼儿小声说，老师小声说时，幼儿大声说。在这个游戏中，幼儿执着于执行规则，执着于音量的变化，执着于集中注意力听，对于他们来讲这也是好玩的游戏。同样也是在这样好玩的游戏中，幼儿发展了感知觉、注意，甚至是记忆能力。

玩具是学前儿童重要的游戏材料。其中，促进学前儿童感知觉发展的游戏材料（玩具）是十分丰富的，如图 10－4 所示，这些玩具的存在与畅销也充分说明了游戏对于促进学前儿童感知觉发展的作用。

图 10－4　促进学前儿童感知觉发展的玩具

（二）游戏与思维、想象的发展

通过前面的学习和讲解，我们了解到学前儿童阶段是以具体形象思维为主的，思维的发展具有自我中心性和具体性的特点。而游戏为其提供了形象生动的场景和切身的体验以及实际操作、探究的乐趣，游戏对于促进学前儿童思维发展起着十分重要的作用。

就幼儿想象的发展来讲，学前儿童通过角色游戏、表演游戏、建构游戏、智力游戏等把自己通过观察获得的信息结合自己的想象加以创造和展现，有力地促进了再造想象等能力的发展。

资料链接

4 岁的多美最近对影子产生了浓厚的兴趣。可是爸爸发现如果去跟她讲光的直射、光的反射、光的折射等关于光的知识，多美是没有办法理解的。因此爸爸和多美一起玩起了“寻找影子”的游戏。经过寻找，他们发现白天有太阳时会出现影子，晚上有月光或者路灯照射时，也可能出现影子。通过游戏多美发现了原来影子的产生必须有光源这样一个必要条件。之后他们又开始了“制造影子”的游戏。他们利用手电筒的光源，将自己和身体的各个部位投到墙上。看到自己的影子，多美开心极了。

紧接着他们又想出了更有趣的玩法。多美和爸爸一起变换各种动作，摆起各种造型。然后多美又和爸爸一起比起了谁的手部动作更多，利用手可变换多少种不同的造型。

但在摆造型的过程中，多美又发现一个问题："为什么我的手有时候看起来比爸爸的手还要大?"于是探索继续。后来多美总结出：原来距离光源的远近不同，影子的大小就不同。

从多美和爸爸的探究游戏中我们不难看出，游戏能够将枯燥晦涩的科学道理具体化、可操作化、形象化。在游戏中，幼儿能够主动发现出现影子的必备条件是光源，发现与光源的距离对于影子大小的影响，还能创造性地变换手的造型，将日常生活中了解到的物品的特征与想象能力结合。从无意中发现影子到实实在在地了解感知了相关的知识，都得益于游戏这种方式。

再如在大班"时装店"中，幼儿为"娃娃"设计了服装与造型。通过游戏，幼儿可以将自己的审美与想象力付诸行动。

二、游戏与言语的发展

在游戏过程中，学前儿童需要言语表达的机会很多。在游戏中学前儿童丰富了词汇量、锻炼了倾听与表达能力。比如在表演游戏中，学前儿童需要掌握剧本中的“台词”，其中就存在着大量的书面语。再比如在大班“娃娃家”的游戏中，为了给要过生日的姑姑送一个生日礼物，他们需要设计一张精美的包装纸，为了设计得美观一些，大班的幼儿特意向老师请教了一些字的写法，完成了自己的设计初稿，如图 10－5 所示。

图 10－5 大班幼儿设计的礼物包装纸

除此之外，在游戏过程中，学前儿童还可以通过内部言语进行思考。比如在建构游戏中，搭建立体停车场可不是一件容易的事情，学前儿童通过“问题言语”和“游戏言语”的形式，一边说，一边梳理自己的思路，一边搭建解决问题，最终成功完成。在游戏中解决问题的过程充分利用和发展了其内部言语。

三、游戏与社会性的发展

在游戏中，学前儿童上演其经历的社会生活，展现其在生活中观察和积累的经验，锻炼其社会生活的技能，进行人际交往，感知社会发展的规则，发展其道德感，这无疑都在促进着学前儿童社会性的发展。

到中大班时，联合游戏、合作游戏开始出现，幼儿需要与同伴打交道，在交往过程中，自然而然发展了人际交往能力。当然，在游戏中，他们还会面对争执，面对矛盾，需要考虑什么样的社会行为是适宜的，这些都能够促进其社会性的发展。

资料链接

大班“超市”游戏开始了，小朋友们一起协商确定了角色：有人是收银员，有人是理货员，有人是促销员，有人是保安。促销员为了招揽更多的客人正在使出浑身解数展示自己的商品，劝说客人买东西；保安为了维持良好的购物秩序，正在向客人讲解着规则；理货员正在忙着整理货品；收银员正忙着收银。在大班的“超市”里，大家井然有序地进行着活动。

超市是人们生活中必不可少的购物场所，幼儿用自己积累的日常生活经验进行游戏，在游戏中经验得到了实践。与此同时，“工作人员”与“客人”还在进行着社会交往，有利于促进幼儿社会性的发展。

四、游戏与情绪的发展

游戏，尤其是角色游戏和表演游戏，会促进学前儿童的自我意识的发展，使其能够准确地区分自己和他人的想法，能够有机会充分揣摩他人的立场，能够更加了解他人的想法和感受，从而促进移情能力的发展。另外，游戏也是情绪认知和宣泄的重要手段。比如通过运动游戏，学前儿童可以很好地宣泄多余的精力，释放不良的情绪。

资料链接

近年来，通过游戏了解幼儿内心世界，通过游戏解决幼儿成长过程中遇到的问题等游戏治疗方法在学前教育领域应用越来越广泛。比如幼儿团体心理游戏形式、幼儿沙盘游戏等。游戏实质上是以更加自然化的情境考察幼儿的内心世界，以更加自然化的干预方式来帮助幼儿解决问题，比起单纯的言语治疗、绘画治疗，游戏治疗方法操作更加便捷，结果也能更少受到“言语表达能力”和“绘画水平”的影响。

第三节　学前儿童游戏心理发展的趋势和教育建议

一、学前儿童游戏心理发展的趋势

（一）从基于本能的需要发展到更高级的需要

对于学前儿童来讲，最初的游戏是独自游戏，在游戏中他们只关注自己的需要，对游戏的内容和方式也没有什么规划，基本呈现“想玩什么就玩什么”“看见什么就玩什么”“想怎么玩就怎么玩”的状态，除同伴间的相互模仿外，和同伴并没有什么深层的交集。他们更加关注自己的想法和意愿，是一种出于本能的游戏需求。

如果你问一位年龄比较小的幼儿：“今天出门跟谁玩了，玩什么了呢?”他的回答跟实际其实是有出入的。比如他会把看到的别人玩的内容，当作自己也玩了或者跟别人一起玩的。低龄幼儿更加关注自我的感受，这也是一种本能游戏需要的体现。

随着年龄的增长，他们的情绪和社会性需求更加突出，在游戏前会主动选择或者邀请小伙伴，在游戏的过程中懂得与同伴分享与协商，在游戏后也会因为游戏的愉悦体验而邀请同伴下次再一起玩耍，从而在游戏中产生与巩固友谊。当收到同伴的邀请时，他们也会十分高兴。

（二）从感知运动游戏到多类型的游戏

在游戏的初期，甚至到幼儿园中班，感知运动游戏都是学前儿童的最爱。当然这和感知觉是学前儿童探索世界的主要手段有关。最初，他们热爱各种形式的感知运动游戏，有时甚至在活动室或者院子里跑几圈对他们来说都是特别好玩的游戏。而后才出现角色游戏、建构游戏、益智游戏等。

（三）经历了关注游戏过程到重结果与过程的变化

在游戏的初期，对于学前儿童来讲能够参与即是快乐，根本不管游戏的目的与结果。所以在小班我们经常看见想参与同伴游戏但是又不知道如何向同伴表达的幼儿，最终采取了强行加入甚至以破坏性行为参与的方式加入。

直到中班这种关注游戏过程的特点仍然存在。幼儿在游戏中的角色频繁转换，角色意识不够明确也说明了这一点。比如在“餐厅”的角色游戏中，有的幼儿一会儿是厨师负责炒菜，一会儿是迎宾员负责接待，一会儿又当起了收银员负责结算。他们不会注意到这样的转换给餐厅经营带来的困难，只是关注自身和游戏过程而已。

到大班后，幼儿在游戏中会产生分工，协作、角色意识更加明确，目的性也更强，目标更加坚定。在规则游戏中，也不会向中小班那样随意更改规则，会遵守规则，注重游戏的顺利进行及结果。

（四）游戏中的创造性不断增强

幼儿从来不缺乏创造性，在游戏中也是如此。即使是在小班，幼儿也能够创造性地开发游戏、使用游戏材料等。到中大班，随着思维的发展和经验的增加，幼儿的创造性更加明显，他们能够创造出创新性极强的游戏产品，能够利用更广泛的手段和策略解决问题。

二、学前儿童游戏心理发展的教育建议

（一）重视游戏心理的保护与支持

游戏的价值不言而喻，作为教育者要重视游戏的价值，正确、全面地看待游戏对学前儿童的作用，重视游戏心理的保护与建设。教育者要充分认识到游戏不是“小孩子的瞎玩”，要充分抓住学前儿童的需求和探究欲望，开展多种类型的游戏，充分利用游戏这一载体开展教育教学活动。

（二）给予学前儿童充分的游戏空间和丰富的心理体验

在游戏中成人要给予儿童足够的游戏空间。这里的空间既是指环境规划中的空间，更是指心理空间。即儿童想怎么玩、跟谁玩、玩到什么程度最好都要儿童自己决定，游戏中出现分歧和矛盾了怎么解决，也要给予其充分的自主处理的机会。教育者不要过早地干预，要相信儿童解决问题的能力，将游戏权利充分还给儿童，让儿童在游戏中体验不同的状态，满足其游戏心理。

（三）教育者适时地介入与有效地引导

游戏是儿童自主的、自愿的活动，那么成人是不是完全不要介入和干预呢？答案是否定的。因此教师、家长何时介入，以什么样的身份组织、干预就变得十分重要。在游戏进行中，教师和家长需要结合儿童的兴趣适时地加以引导，引导儿童的游戏向着纵深方向发展。

（四）创设良好的游戏环境

游戏环境是游戏质量的支撑。游戏环境包括空间区域的规划、时间的规划、材料的提供，也包括上述提到的游戏的心理空间的规划，等等。观察图 10－6，思考

图中教师对于游戏区角的安排是否合理。

图 10－6　科学游戏区的规划

图 10－6 中，科学游戏区与图书区相邻，很显然一个需要操作和讨论的探究游戏区与一个需要安静环境的区角相邻是不科学的。再看教师提供的游戏环境，科学游戏区铺上了地毯，这显然也是不合常理的。这样规划的结果就是科学游戏区无人问津或者因为与图书区活动冲突而无法开展。

再如小班的“娃娃家”被安排在了活动室外的楼道里，因为室外温度较低和远离视线等原因，很少有小朋友来玩；再者教师提供的材料是有限的，来玩的幼儿来过一两次之后便失去了兴趣。又如在自由音乐游戏时，教师只提供了沙锤、木琴各一个，很多想参与这个游戏的幼儿因为没有足够的乐器而走开。这些显然都没有为幼儿提供良好的游戏环境。

本章小结

游戏是学前儿童的基本活动，是其主要的学习方式。学前儿童在游戏中满足自我的生理和心理需要，也因此产生了游戏心理。同样，游戏心理的存在又能促进其身心发展。关于影响游戏起源的因素，不同理论观点对此有不同的解释。当然，不同角色和身份对于游戏和游戏心理的认知也不同，如教师、家长、儿童本身。在第一节中我们对以上内容尝试进行了梳理。

游戏与游戏心理的存在对于学前儿童的发展具有极大的价值，游戏不仅能够促进学前儿童认知的发展，而且年龄越小的儿童，游戏对于其探索世界、发展认知的作用就越明显。在游戏中，学前儿童既有游戏言语等内部言语的发展展现，又通过与成人、伙伴的交流发展了言语表达和交往能力。学前儿童在游戏中不仅可以体验各种情绪，而且能够找到情绪的出口，从而促进情商的发展。在社会性发展过程中，游戏的作用更是不可忽视。在第二节中我们对此进行了详细的阐述。

对于学前儿童游戏心理呈现的发展趋势，以及又该如何综合游戏与游戏心理的发展进行有针对性的教育，我们在第三节中进行了详细的阐述。

本章主要内容如图所示：

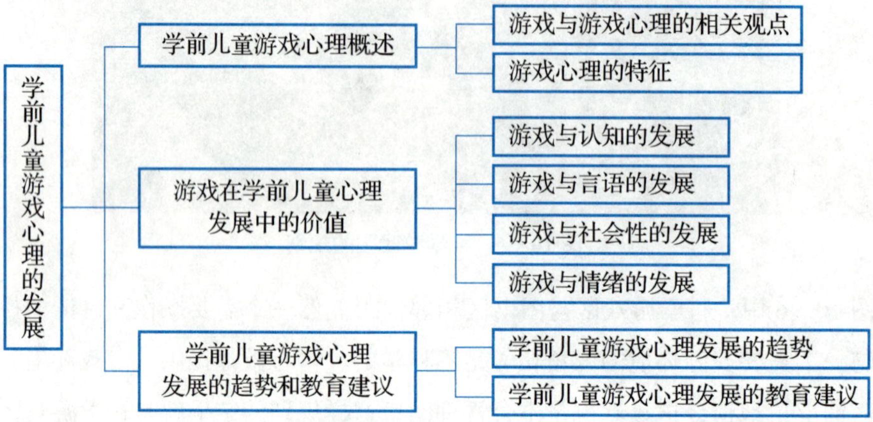

同步练习

一、名词解释

游戏的复演说　游戏的生活练习说　游戏的认知动力说

二、简答题

1. 简述游戏对于学前儿童心理发展的重要价值。

2. 简述不同理论流派对于游戏与游戏心理的观点。

三、活动设计题

1. 设计一个能够促进学前游戏情绪发展的游戏。

2. 搜集并拍摄一个学前游戏角色游戏视频，尝试分析其特点并设计相应的教师指导语。

第十一章　学前儿童学习心理的发展

学习目标

1. 掌握学习的内涵。
2. 熟悉学前儿童学习的不同类型。
3. 掌握学前儿童学习的方式。
4. 掌握学前儿童学习的心理特点。

学习重难点

1. 重点：学前儿童学习的方式。
2. 难点：学前儿童学习的心理特点。

教学建议

在教学中，可以综合运用讲授法、讨论法、案例分析法等引导学生认识学前儿童学习的概念和方式，掌握学前儿童学习的心理特点。

第一节　学前儿童学习心理概述

一、不同心理学派的学习观

不同的心理学派站在不同的立场上，对学前儿童的学习提出了不同的观点和看法，为我们深刻理解学前儿童的学习提供了必要的理论参考。各心理学派关于学习的观点概括如下。

（一）行为主义的学习观

学习是个体接受外部刺激并产生反应的过程，刺激 – 反应之间联结的加强就产生了学习行为。个体的学习是可以测量的，学习复杂的行为需要渐进式。行为主义主要关注个体的外部行为变化。

（二）认知主义的学习观

学习是外界刺激和认知主体的内部心理间相互作用的过程，可以导致主体认知结构的改变。认知主义强调学前儿童的主动学习，注重建立个体新旧知识之间的连接，重视学前儿童的内在心理过程，忽视外部环境的影响。

（三）人本主义的学习观

学习是儿童自我成长潜能的激发，儿童可以自主选择学习的内容，具有学习的主动性和自觉性。人本主义强调尊重儿童的自主性，让儿童在“做中学”，教师可以帮助儿童加深对外界环境和自我的认知。

（四）建构主义的学习观

学习是个体主动建构知识经验，让新旧知识经验不断交互生成新的理解的心理过程。建构主义认为学前儿童具有主动探究的愿望，可以通过与外界环境的相互作用，不断生成新的知识经验，建立起新的知识结构。建构主义重视学前儿童与同伴的合作学习。

二、学前儿童学习的内涵和类型

（一）学习的内涵

1. 学习的定义

随着学习心理学的发展，学习的定义也在不断演变，目前心理学界较为认同的学习的定义是“学习是学习者在某种特定情境中行为的改变，它源于在这一情境中反复的练习与实践经验。这种改变不是自然发生的，不是因成熟或某种因素所导致的个体状态暂时的改变（如劳累、服药等）”。（Hilgard，1975）

2. 对学习定义的理解

（1）学习是个体通过实践练习或者与环境的交互作用而产生的经验变化。经验既涵盖了个体的实践练习、外部环境刺激，又包括个体与环境之间的相互作用。学前儿童的学习大致有两类：一类是计划性的练习活动，是事先安排好的训练；另一类是偶发性的学习活动，是个体在生活中偶然获得的经验。例如，学前儿童在玩橡皮泥，发现黄色和红色的橡皮泥混合在一起，会变出一种新的颜色——橙色，于是他又尝试用另外两种颜色的橡皮泥混合出新颜色。这是学前儿童在活动中偶然获得的经验。

（2）学习具有过程性的特点。学前儿童的学习结果有时候可以通过行为直接表现出来，有时候需要经过一个量变到质变的过程体现出来，还可能具有潜在性，只有在遇到某种外界刺激时才会激发出来。

（3）学前儿童行为的变化并不代表着学习的发生。学习是通过各种实践练习或反复经验产生的。学前儿童行为的变化也可能是受到了如本能、劳累、适应和成熟等因素的影响。

（4）学前儿童不仅要进行有组织的知识、技能、策略等的学习，也要在潜移默化中进行态度、情感、行为准则等的学习。人们往往更关注学前儿童外显的学习成果，比如学会背一首诗、学会唱一首歌、学会跳一支舞等，常常忽视学前儿童对内隐的态度、情感和行为准则的认知。

学前儿童的学习具有特殊性，他们是在游戏和日常生活中学习的。学前儿童的学习是指由经验引起的学前儿童思维、行为、能力和心理倾向（包括态度、情感）等的持久而深刻的变化。这些变化不是因成熟或是某种原因，如服药、生理短暂变化导致的暂时性改变。

（二）学前儿童学习的类型

1. 按照学习内容分类

按照学习内容，学前儿童学习可以分为概念学习、技能学习、社会性学习和创造性学习。

（1）概念学习，指学前儿童获得概念一般意义的过程，即掌握概念的本质属性，并将具有类似性质的同类事物用语词加以概括。如掌握了蔬菜的概念，知道芹菜和花菜都是蔬菜。

（2）技能学习，指学前儿童通过学习和练习而掌握动作或智力技能的过程。如学前儿童通过跳绳的动作练习，学会跳绳。

（3）社会性学习，指学前儿童在各种活动中获得社会性经验并改变其行为习惯的过程。如学前儿童学会如何与同伴交往。

（4）创造性学习，指学前儿童在发挥主体性和能动性的基础上进行自我建构和自我发现的学习。如在探索性游戏中获得认知发展。

2. 按照发展层次分类

按照发展层次，学前儿童学习可概括为三个层次：辨别学习、概念学习、解决问题学习。

（1）辨别学习，指学前儿童可以对特定集合中的不同成分作出不同的识别反应。

（2）概念学习，指学前儿童认识了某一类事物的共同性质，并对同类事物的抽象特征作出反应。

（3）解决问题学习，指学前儿童能用独特的方法，结合已有的规则或者原理来解决问题。

3. 按照学习方式分类

随着自身语言及心理的发展，学前儿童需要运用不同的学习方式进行学习。按照学习方式进行分类，学前儿童学习可以分为观察学习、操作学习、语言理解学习、交往学习、游戏学习、探究式学习等（具体见本章第二节）。

第二节　学前儿童的学习方式

学前儿童处于人生的初期阶段，大脑发育尚未完善，思维以具体形象为主，认识具有无意性，学前儿童需要运用多样化的学习方式进行学习。在学前儿童学习的实际情境中，这些学习方式是交融在一起的，学前儿童需要同时采用多种学习方式来完成学习活动。学前儿童的学习方式主要有观察学习、操作学习、语言理解学习、交往学习、游戏学习、探究式学习等。

一、观察学习

（一）观察学习的内涵

观察学习指学前儿童通过观察他人所表现出的行为及其结果，进行加工和内化后将其转化为自身的认知经验和行为模式，又称为替代学习。观察学习是美国著名心理学家班杜拉提出的。由于观察学习理论主要关注的是个体社会行为的习得和个体社会化的历程，因此这一理论也称为社会学习理论。观察学习是学前儿童最常用的学习方式，也是学前儿童进行社会学习的主要方式。

（二）观察学习的特点

1. 不需要直接的行为反应

观察学习不需要学前儿童直接作出行为反应，也不需要亲自体验强化，只要通过观察他人在一定环境中的行为就能完成学习。学前儿童在观察到他人的错误行为产生的不良后果时就会意识到这种行为是错误的，不需要直接尝试这种行为，避免错误或者危险。例如，看到视频里别人玩火引起火灾，学前儿童就知道了玩火很危险，不能玩火。

2. 榜样是观察学习的对象

学前儿童观察学习的对象是榜样。学前儿童观察和模仿的对象一般是重要他人，如父母、教师、年长的儿童或者获得表扬的优秀同伴，也可以是一种符号榜样，如动画片里的良好形象或文学作品中的正面人物形象。

资料链接

培养学前儿童良好的进餐习惯时，教师说："瑶瑶吃得真好，饭菜都吃干净了，桌面也保持得很干净，个头是我们班最高的了，白白的很漂亮。"其他孩子听到瑶瑶被教师表扬了，都安安静静地大口大口吃起了饭菜。过了几分钟，很多孩子吃好了，对教师说："老师，我也把饭菜吃干净了，真好吃。"

教师可以请表现好的学前儿童做其他学前儿童的行为榜样，当教师强化榜样的好的行为时，也会间接强化其他学前儿童学习此种行为。

（三）观察学习的过程

学前儿童在进行观察学习的过程中，一般会经过以下四个阶段。

1. 注意阶段

在观察学习时，学前儿童必须注意榜样所表现出的行为特征，并了解该行为的意义，否则不能通过模仿把它变成自己的行为。

2. 保持阶段

学前儿童观察到榜样的行为后，必须将观察所见转化为表征性的形象或表征性的语言符号，这样才能保留在学前儿童的记忆中。

3. 再生阶段

学前儿童观察榜样的行为表现后，将其融入记忆，之后再从记忆中将榜样的行为方式提取出来，在自己的行动中表现出来。即学前儿童在观察早期的注意与保持阶段，不仅从榜样行为中学到了观念，还通过模仿学到了行动。

4. 动机阶段

学前儿童是否能够经常表现出示范行为要受到行为结果因素的影响。行为结果包括外部强化、自我强化和替代性强化。这三种强化作用是学前儿童再现示范行为的动机力量。

（四）观察学习的类型

1. 直接的观察学习

直接的观察学习又称行为的观察学习，指学前儿童对示范行为的简单模仿。日常生活中的大部分观察学习都属于这种类型。如学前儿童学习拍皮球时，先观察教师拍皮球的动作，再模仿教师的拍球动作进行练习，逐渐学会拍皮球。

2. 抽象性观察学习

抽象性观察学习指学前儿童从对他人行为的观察中获得一定的行为规则或原理，不需要进行直接的行为模仿。之后在一定条件下观察者会表现出能体现这些规则或原理的行为，却不需要模仿所观察到的那些特殊的反应方式。如学前儿童看到教师用抱抱的方式安慰心情不好的小伙伴，她也会做出分享玩具给小伙伴的友爱行为。

3. 创造性观察学习

创造性观察学习指学前儿童通过观察，从不同的示范行为中提取不同的行为特点，内化形成一种新的行为方式。创造性表现在学前儿童通过观察，受他人行为的启发，对自己原有的行为成分进行新的排列组合，从而形成一种新的反应方式。例如教师示范用绿色和黄色的太空泥做了一只小蜗牛后，请孩子们进行创作，学前儿童选择用蓝色和粉色两种颜色分别做了一个蜗牛宝宝和蜗牛妈妈。

学前儿童的观察模仿具有无意性，看到什么就模仿什么，成人要为学前儿童树立正确的学习榜样，引导学前儿童有选择地对正面榜样进行模仿学习。

二、操作学习

操作学习汲取了教育家杜威的“做中学”和心理学家皮亚杰的“人的知识来源于动作”等理论的营养。杜威提出了“做中学”的教学原则，即儿童通过在活动中进行操作来学习。皮亚杰曾指出“人的知识来源于动作，动作是感知的源泉和思维的基础”。这些都为操作学习提供了理论参考。

（一）操作学习的内涵

操作学习是指个体通过动手操作和控制物体获得认知经验和技能的学习方式。学前儿童通过操作活动来探究事物，认识和理解周围世界，并获得各种技能。在操作学习中，学前儿童不仅可以运用感知觉从不同角度来观察物体，还可以动手改变物体的部分属性从而获得对物体深刻的认识和理解。学前儿童在操作摆弄物体的过程中会发现，用不同的方式操作物体会导致不同的结果，并发现其中的因果关系。

在缺乏语言表达能力的婴儿期，学前儿童就是通过操作物体和运动来感知外部环境的。在学龄前期，学前儿童的思维以直观动作和具体形象思维为主，对各种事物具有好奇心和探究欲望，喜欢用手来探索和控制周围的物体，发展内在的主动性。所以操作学习也是学前儿童学习的主要方式。

（二）操作学习的特点

1. 直观动作性

在操作学习过程中，学前儿童需要亲身参与，并亲自接触操作对象，操作的对象是客观存在的物体或者人。操作性学习的发生不仅需要学前儿童接触操作对象，同时还需要他们用直观动作表现出操作过程。学前儿童在直观动手操作与活动中获得直接经验和各种动作技能。

2. 学习主动性

作为操作活动的主体，学前儿童在操作学习中主动探究操作材料的特性与功能，并根据操作要求及已有知识经验进行学习，还可以将新的知识经验运用与迁移到新的操作活动中。操作学习是学前儿童主动探索学习的过程，学前儿童在操作学习中获得主动发展。

3. 手脑并用性

操作学习是学前儿童通过受大脑控制的各种有意识的动作来实现自身发展的一种学习方式。学前儿童进行操作学习时，身体动作和器官都在参与活动，同时大脑产生的内在思维会用动作表征出来。操作学习是手脑并用、身心协调的学习方式。

（三）操作学习的类型

1. 按照对象的不同分类

（1）借助工具进行操作学习：利用工具作用于实际的物体而进行的学习。如绘画、剪纸、泥塑、劳动和奏乐等。

（2）运用身体器官进行操作学习：不用借助工具，只需要运动身体的某些器官就可以进行学习。如歌唱、舞蹈和运动等。

2. 按照学习目的的不同分类

（1）基于练习的操作学习：学前儿童在反复的动作练习中，掌握动作技能。如拍皮球、跳绳等。

（2）尝试错误的操作学习：学前儿童在摆弄物体时，多次进行尝试错误性质的操作。例如一个学前儿童用钥匙开门，把钥匙塞进锁眼里好多次，往左边转，右边转，都转不动，门没有打开，最后他拔出钥匙，看到钥匙上有一个点，用这个点对准门锁上的点，然后用力往右边旋转，终于打开了门。

（3）动作指导的操作学习：学前儿童在学习某些运动技能时需要成人进行直接的动作指导，以掌握标准的动作。如如何握笔、如何拿球拍。

（4）模仿示范的操作学习：由示范者演示动作，学前儿童跟着一步步模仿，将动作再现并内化为自身动作技能的学习。如跳舞、陶艺等。

（5）创造性的操作学习：学前儿童需要发挥自身的想象，利用习得的知识经验进行创造，创造出现实中不存在的事物或者形象，可以培养学前儿童的创造性。如科幻画、编故事。

资料链接

中班区域游戏时，建构区的孩子们在合作搭一座大城堡。有些孩子在搭城堡，有些孩子在搭马路，有些孩子在搭围墙。没有孩子搞破坏，每个人都在努力动手并发挥想象建造漂亮的城堡。区域游戏快要结束的时候，孩子们终于建造成了一座漂亮的城堡，还有长长的路、高高的围墙。他们各有分工，协调合作，也让教师见证了孩子们在动手操作中自我成长的生命力和团结协作的力量。

操作学习是学前儿童探索世界的主要方式，通过操作学习，学前儿童可以直接获得各种经验和技能，提高身体运动和动作协调能力，激发起学习的主动性和探索性，促进心理的发展。

三、语言理解学习

语言不仅是学前儿童与他人交流沟通的工具，还是其接受教育的基础。语言理解学习也是学前儿童学习的重要方式。

（一）语言理解学习的内涵

语言理解学习，就是学前儿童在成人的讲解示范和引导下获得知识经验、态度情感和行为能力的学习。它是学前儿童在获得一定水平的语言能力后使用的学习方式。学前儿童在 3 ～ 6 岁时，会大量使用语言理解的学习方式。但是学前儿童的语言理解学习依赖于具体生动的语言，而不是概括抽象的语言。

（二）语言理解学习的特点

1. 语言是学习的载体

在语言理解学习中，语言是学习的载体，学前儿童通过倾听和理解成人的语言描述来获得对事物的认知，发展行为习惯并学会动作技能。离开了具体的语言，这种学习方式就无法进行。

2. 语言的生动形象性

由于学前儿童思维的具体形象性和注意力的短暂性，学前儿童进行语言理解学习时，成人需要运用具体、生动、形象的口语和肢体语言进行表达，语气还要有夸张和起伏，这样学前儿童才容易理解语言表达的意思，获得较好的学习效果。

（三）语言理解学习的类型

学前儿童在学龄前期大量使用语言理解的学习方式，主要有倾听学习、谈话活动、阅读学习等形式。

1. 倾听学习

倾听学习指学前儿童通过听觉器官对声音进行感知和理解而获得知识经验的学习，如听成人或同伴讲故事。这是深受学前儿童喜欢的一种获得经验和体验的学习方式。

2. 谈话活动

谈话活动指学前儿童通过动手操作发现和解决问题后，用合适的语言将自己的体验与发现表述出来，与同伴交流他所获得的更加丰富的知识经验。学前儿童在讲述中可以梳理自己的思路，明晰所发现的事物间的关系。

3. 阅读学习

阅读学习指学前儿童在听觉器官、视觉器官和动觉器官等共同支持下获得知识经验和动作技能的语言理解学习活动。由于学前儿童不认识汉字，其主要是在成人引导下进行阅读学习，因此，在婴儿期就可以尝试以亲子阅读的形式培养学前儿童的阅读意识，让学前儿童从小形成良好的阅读习惯，促进认知和注意力的发展。

四、交往学习

交往学习的方式源远流长，古代孔子教学生时使用的对话教学和古希腊学者苏格拉底的“知识产婆术”都是典型的交往学习案例。心理学家维果斯基认为人的高级心理机能发展的基本规律就是由交往而实现的个体间的心理机能向个体内部的心理机能内化的过程。交往学习也是学前儿童学习的重要方式。

（一）交往学习的内涵

交往学习是指学前儿童通过与他人的对话、交流和互动来获得各种经验的学习方式。学前儿童的交往对象主要有家长、教师和同伴等。学习不仅是学前儿童获得知识和发展能力的活动，同时也是一种人与人之间的交往活动。交往就是共在的主体之间的相互作用、相互交流、相互沟通、相互理解，这也是人基本的存在方式。学前儿童正是在与他人的交往互动中生活，并通过交往学习生存所需要的知识、技能、经验等，发展社会性品质，形成积极的生活态度和自我认知的。

（二）交往学习的特点

1. 在一定情境中进行

学前儿童的交往学习往往发生在一定的情境中，如游戏情境、生活情境等。例如在交往中通过相互观察和问答来学习，在合作中分享共同获得的经验，在冲突中学习。

2. 离不开交往主体的沟通与交流

学前儿童接受教育的整个过程就是与教师、同伴交往的过程。交往学习离不开交往主体之间的沟通与交流，交往一方输出了信息，另外一方会在接收并理解信息后进行积极的回应。学前儿童在与同伴的交往中获得信息，进行思维碰撞，不断内化人际交往的规则意识。

3. 学前儿童主动建构经验

交往学习是学前儿童与教师、同伴等共同建构知识的过程。在交往学习中，学前儿童不需要机械地接受知识，而是在与教师、同伴的交流互动中大胆表达自己的认识。交往双方发生思维的碰撞，学前儿童不断深化对信息的理解，吸取他人的经验与方法，从而主动建构知识经验。在充满积极互动的学习场景中，学前儿童更乐于参与学习和主动建构知识，进而激发他们的能动性和创造性。

4. 学习内容的丰富性

在交往学习中，学前儿童与教师、同伴不仅进行知识的交流，还有思想观念、思维方式、情感态度和行为方式等的交流与对话。学习主体之间在交流与对话中形成相互理解和视界的融合。交往学习把知识看作是交往主体所达成的共识，从而使知识成为学前儿童整个生命的有机组成部分。

（三）交往学习的类型

1. 讨论学习

讨论学习指学前儿童在教师的引导下，围绕一个共同的话题，以班级集体或者小组讨论的形式进行对话和交流学习，讨论时间控制在十分钟以内。学前儿童通过参与讨论可以更新知识经验，促进自身的发展。

2. 合作学习

合作学习指在教师的引导下，学前儿童以小组方式进行分工协作，共同完成某种学习任务的学习方式。教师根据学习小组的整体表现对组内成员的学习效果进行评价。

五、游戏学习

（一）游戏学习的内涵

游戏学习指学前儿童在各种游戏活动中运用多种感官进行感知、体验和动手操作从而认识和理解周围的事物与现象，是一种在愉悦的体验中主动获得认知经验、发展创造力的学习方式。

（二）游戏学习的特点

1. 主动性

学前儿童在游戏中学习运用视、听、触、闻、运动等所有感觉器官去认识事物与现象，理解周围环境并发展感知能力，进行各种各样的探索、操作活动，释放自身兴趣和好奇心，并运用自己的想象与理解能力来解释事物之间的关系和获得主动学习的经验，养成主动探索和学习的兴趣与态度。

2. 愉悦性

在游戏中，学前儿童主动与环境相互作用，充分体验运用自己的力量去达到各种目的的满足感，反映自己对生活的认识，表达自己的思想感情。学前儿童在游戏中释放情绪，感受快乐，有助于学前儿童形成积极的自我意识，建立自信。

3. 创造性

由于游戏是学前儿童自己的活动，其可以按照自己的想法去尝试各种新的可能性，而不用害怕因做错招致成人的批评。游戏让学前儿童不怕冒险和失败，勇于探索与创造，有助于学前儿童形成创造性的人格特征。

（三）游戏学习的类型

从认知角度可以将儿童的游戏分为感觉运动游戏、象征性游戏、结构游戏和规则游戏。婴儿一般通过感觉运动游戏对周围世界进行探索和学习；学前儿童在 2 ～ 6 岁时，喜欢开展象征性游戏，其中包括假装游戏、想象游戏和社会性扮演游戏；结构游戏也称为建构性游戏，指学前儿童通过运用多种建构材料如积木、积塑和泥沙等，发挥想象来建造出反映现实生活的物体的活动，如搭积木、插积塑、玩泥工、折纸和玩沙等；规则游戏多是 7 岁以后的儿童按照一定规则，多人参与，以竞赛的形式进行的游戏，可以让儿童获得对规则的认识和理解。

资料链接

皮亚杰认为，儿童需要游戏，游戏的发展随儿童认知的发展而变化，呈现出相应的连续性和阶段性，并表现出一定的独立性和偶然性。在儿童认知发展的不同阶段，游戏的发展也有不同的水平。与儿童认知发展的感知运动阶段、前运算阶段和具体运算阶段相对应，他把游戏的发展划分为三种类型或水平：练习性游戏、象征性游戏、规则性游戏。儿童难以适应生活中的现实世界，他们的情感需要无法得到满足，但是游戏可以使儿童达到情感与智慧上的平衡。

学前儿童的游戏学习多是通过象征性游戏和规则性游戏的开展进行的，可以让学前儿童获得身体动作、认知、社会性和创造性的技能。

六、探究式学习

（一）探究式学习的内涵

探究式学习指学前儿童通过在问题情境中发现问题，并通过一定的方式合作，积极主动探究，共同解决问题的学习方式。探究式学习需要学前儿童不仅具有一定的问题意识，还要有一定的探究和合作能力，所以适用于中大班学前儿童。探究式学习方式常用于学前儿童科学领域知识经验的学习。

探究性学习方式的理论依据来源于认知建构主义学派，认知建构主义强调让学习者以问题为中心，通过发现问题和解决问题进行知识经验的建构，提高自主学习的技能。

（二）探究式学习的步骤

探究式学习方式的操作过程是先对学前儿童学习的具体课程内容进行分类，根据不同内容设计出一个个小的主题项目，然后每个项目围绕一个核心问题展开，学前儿童以同伴合作的方式分析问题、查找资料、确定方案步骤，最终寻找到问题的答案，分享交流结果并进行评价。探究式学习的具体步骤如下。

1. 观察事物，发现问题

学前儿童具有会观察的眼睛，他们会发现大自然中各种神奇的现象，充满好奇地进行观察，并会提出各种各样的问题。比如毛毛虫是怎么变成蝴蝶的，为什么星星会闪闪发光，为什么冰会融化，等等。

2. 查找资料，制定方案

这一个步骤可能需要教师的引导，学前儿童可以通过成人的帮助去网上或者书上查找资料，或者实地考察去搜集资料，然后在教师的帮助下形成探究方案。教师要鼓励支持学前儿童的想法，让学前儿童进行大胆尝试。

3. 进行探究，解决问题

学前儿童根据教师提供的策略指导，结合和同伴一起探究出的方法，进行问题的探究，解决问题，得出结果。

4. 交流结果，进行评价

学前儿童与同伴交流问题的答案，教师引导学前儿童对探究过程和结果进行综合评价。学前儿童在交流评价中会加深对问题的理解，并不断发现新的问题，以进行新的探索。

以上是学前儿童探究式学习的一般方式，每一个步骤都有其特定的含义。探究式学习对于提高学前儿童学习的主动性、培养其创造性以及促进其对科学领域知识的学习有很大帮助。

资料链接

春天到了，一个小朋友带了一些小蝌蚪来到班级里。孩子们充满好奇地看着小蝌蚪。琦琦说："这是我带来的小蝌蚪，妈妈说它们以后会变成小青蛙的。"孩子们都很好奇：小蝌蚪怎么变成青蛙呢？孩子们的问题已经提出来了，于是教师引导孩子们开始探究之旅，先请孩子们猜测小蝌蚪是怎么变成青蛙的。有些孩子说"小蝌蚪先长出四条腿，然后尾巴不见了，就变成青蛙了"，还有些孩子说"小蝌蚪先长出两只前腿"……孩子们众说纷纭。教师带着孩子们饲养小蝌蚪并每天观察小蝌蚪的生长变化，作记录。孩子们在饲养和观察过程中慢慢发现小蝌蚪原来是先长出两条后腿，再长出两条前腿，最后尾巴消失变成青蛙。等小蝌蚪都变成了青蛙以后，孩子们就把青蛙放生回池塘里。最后孩子们对结果进行了交流，并表达了自己的饲养感悟。

在上述案例中，学前儿童发现问题后，在教师引导下进行猜测，然后亲自饲养小蝌蚪进行观察与探索，从探究中得出了问题的答案，最后学前儿童又在交流分享中获得了新的体验和感悟。此次探究学习培养了学前儿童的学习兴趣和探究能力。

（三）探究式学习的特点

1. 自主性

在探究式学习中，学前儿童自主进行学习，充满兴趣和自信地去探究和解决问题。探究式学习尊重和鼓励学前儿童成为学习的主人，会增强学前儿童的学习兴趣，提高学前儿童主动探究和解决问题的信心和能力。

2. 亲历性

学前儿童通过亲身实践获得知识经验和技能，会巩固他们对知识和技能的理解和运用。探究式学习让学前儿童像小科学家一样去思考，怀着好奇心和求知欲去亲身实践，解决问题，内化知识和技能。

第三节 学前儿童学习的心理特点

一、受到学习动机的驱动

学习动机是推动学前儿童进行学习的动力机制，是激励和引导学前儿童进行学习的一种需要。学前儿童的求知欲和探究欲等都是学习动机的具体表现。学前儿童的学习动机可以分为内部动机和外部动机，它们共同推动学前儿童的学习。

学前儿童的内部动机主要表现为好奇和兴趣，在早期，学前儿童的内部动机主要表现为好奇。学前儿童面对未知的生活世界，会用好奇的眼光去发现和提出问题，他们喜欢问“这是什么”和“为什么”的问题，如天上一闪闪的是什么，为什么车子会跑等。随着年龄的增长和心理发育的成熟，学前儿童的内部动机逐渐由好奇转化为兴趣。好奇指学前儿童被外界新颖的刺激所吸引，并产生想去观察和探究新刺激的冲动，受外部环境的影响。而兴趣是学前儿童认识某种事物或从事某种活动的心理倾向，是一种带有情绪色彩的认识倾向。好奇和兴趣是相互联系的，学前儿童在对事物产生好奇后才会逐渐产生学习兴趣，没有好奇心就没有兴趣。

学前儿童学习的外部动机在不断增强，对学前儿童的学习也起到了重要推动作用。学前儿童的外部学习动机主要来源于成人的肯定。学前儿童期望得到成人的肯定、表扬和奖励，可以是精神上的奖励，也可以是物质上的奖励。

学习动机的强弱程度会影响学习的成效。如果学前儿童有求知欲和学习的兴趣，便会主动进行学习，用心去探索周围的世界，以获取新经验和新知识，并从学习中体验到快乐和成就感，获得较好的学习效果。反之，如果学前儿童对探索环境和学习知识不感兴趣，情绪低落地去学习，不但达不到学习效果，学到的东西也掌握不牢固，甚至会厌恶学习活动。

不断激发学前儿童的学习动机，让学前儿童保持好奇心和求知欲，可以促进学前儿童的学习。教师可以通过以下三个方面激发学前儿童的学习动机：第一，教师在组织教学活动时应用丰富多彩的教学方式和新颖有趣的教具。新异的，形象鲜明、生动而又富于变化的刺激物，如小玩偶、幻灯片以及各种实物、标本、图片等，可以激发学前儿童的学习兴趣。第二，合理设置问题情境，引发学前儿童的好奇心。设置的问题情境要难度适中，让学前儿童付出一定努力就能够解决，从而让其体验到成就感，保持探究兴趣。如讲述《三只小猪盖房子》的故事前，提问：你们家的房子是什么样的？你们想不想知道三只小猪会盖出什么样的房子？第三，激发学前儿童的外部动机，教师要关注学前儿童，多给学前儿童以鼓励并提出期待。

可以用具体的语言表扬学前儿童，比如“你这幅画颜色搭配得很好”；还可以用小奖品如贴纸、小玩具等奖励学前儿童，强化学前儿童的外部学习动机。

二、学习思维由直观动作向具体形象转变

随着年龄的增长，学前儿童的思维由学前初期的直观动作思维逐渐向中后期的具体形象思维过渡。学前儿童主要是通过感知、依靠表象来认识事物的，具体形象的表象左右着学前儿童的整个认识过程。如两排相等数目的苹果图片，如果等距离摆开，幼儿都知道是“一样多”，但如果将其中的一排苹果图片聚拢，大部分学前儿童就会认为密的这一排苹果图片数量少些，因为“这一排比那一排短”。

小班幼儿的思维依靠动作进行，比如让他们说出果盘里有几个橘子，他们用手一个一个地点数才能弄清，不会在心里默数。他们大部分还不会计划自己的行动，一般是先做后想，或者边做边想。如玩橡皮泥时，本来说要做面包，结果做出来了圆圆的形状，他就说这是汤圆。

而中大班幼儿以具体形象思维为主，思维过程还必须依靠实物的形象支撑。学前儿童的思维特点决定了他们的认知要依赖具体的事物，很难掌握抽象概念。例如学前儿童认识鸟，要建立在亲眼看到过很多鸟或者鸟的图片，认识众多具体的鸟——鹦鹉、麻雀、老鹰、鸽子等的基础上，进而抽象出“它们都是鸟”，并形成对“鸟”的共同特征的认识。

学前儿童的逻辑推理也更多地和具体形象的事物联系在一起。他们通过探究具体的问题来发现事物之间的联系，而非进行抽象的逻辑推理。例如，学前儿童探索糖在水中是如何溶解的，只需要观察糖在水中溶解的现象，并用自己的方式记录、描述、交流即可，不必学习溶解的概念。

学前儿童的学习以直观形象性为主。教师无言语指导的机械练习或口头说教都不符合学前儿童的心理发展特点，往往学习效果很差。而教师运用生动形象的图片、具体形象的语言描述和直观的动作示范进行教学活动，能调动学前儿童的听觉、视觉和触觉等多种感官进行学习，更容易达到良好的学习效果。例如讲故事时说到了“笔直”一词，教师可以竖起一支笔，告诉学前儿童“笔直”就是像笔一样直，这样学前儿童就很容易理解并记住这个词了。

三、学习内容的直接经验性和体验性

学前儿童具体形象的思维方式决定了学前儿童学习内容的直接经验性和体验性。

（一）直接经验性

人的知识结构包括直接经验和间接经验两个部分。直接经验是指个体亲自参与实践所获得的知识经验。间接经验是指个体从他人那里或书本中学习得来的知识经验。学前儿童思维的具体形象性决定了其学习内容要以直接经验为主，间接经验为辅。学前儿童的学习以实践活动为主，直接参与的经验是学前儿童学习的要素，因此学前教育应该以真实的经验和真实的事件为基础。

学前儿童在认识世界时，要运用多种感官，通过观察、倾听、动手和对话等方式与周围事物进行直接的接触，从而获得新的认知经验和感悟，并内化为自身的新的知识经验。随着学前儿童年龄的增长，他们的经验范围也在不断扩大。同时，学前儿童的学习是自己在主动地建构知识、吸收知识。只有当他们对问题产生兴趣时，才会去主动寻求答案；只有当他们对自己原有的认识感到不满足时，才会去主动寻求新的解释，或接纳别人的解释。

（二）体验性

学前儿童在实践中获得直接经验的同时也伴随着心理感受、认知感悟和情感体验等心理活动。这些就是学习内容的体验性。个体的直接经验和情感体验在学前儿童的学习中作用都非常明显。学前儿童与中小学生相比，主要不是依靠语言和文字符号来学习，而是以行为实践为主，直接参与性和亲身经历性是其学习的要素。所以，无论是教师指导下的活动，还是学前儿童的自由活动，都要尽可能地给予学前儿童动手操作、直接观察和实验的机会，让他们获得充分的亲身经验和体验，并能用自己的语言、操作方式来表达和表现。“百闻不如一见，百见不如一行”用来形容学前儿童学习是十分恰当的。学前儿童听到的知识容易忘掉，看到的东西也只是记住而已，只有亲自动手操作过，他们才能真正理解，记忆深刻。

因此，要让学前儿童在直接参与的生活和游戏情境中进行学习，在直接感知、亲身体验和动手操作中进行学习。在学前儿童学习的不同领域中，引导儿童交互运用不同的学习方式，促进学前儿童的发展。如进行科学学习时，强调学前儿童主动发现和探究问题，亲自去操作和得出结果，感受探究的过程；进行绘画学习时，引导学前儿童大胆感受画面的美，发现美并创造属于自己的美；进行健康生活能力培养时，引导学前儿童积极参与和独立做事。

四、学习时注意的无意性

学前儿童在学习时离不开注意的参与。注意是学前儿童获得知识经验和技能、思考问题和进行操作活动的必要保证。学前儿童的注意分为无意注意和有意注意。其中，无意注意占主导地位，有意注意在逐渐发展。学前儿童的学习过程中的注意以无意注意为主。

无意注意不等于注意力不集中，它是一种特殊的注意方式。这是学前儿童典型心理特征的一种表现。主要体现为两点：一是学前儿童的学习没有明显的预定目的，随着学前儿童兴趣的转移而变化，受所处的情境影响明显；二是学习过程中的学前儿童意志参与水平低，自我调控能力差。所以，学前儿童的无意识学习状态，是一种无目的、自动化的加工过程，具有较强的自发性和随机性，容易受外界环境的影响。

学前儿童注意的无意性致使学前儿童容易被这样的事物所吸引：一是刺激强烈、新异多变的事物，二是与学前儿童兴趣、需要和生活经验有关的事物。所以教师要有意识地为学前儿童的学习创造条件并加以引导。首先，教师要创设适宜、丰富、宽松自由的学习环境和条件，支持幼儿的无意性学习。其次，教师在组织教育活动时，要运用灵活多样的教育方法，提供生动形象的多样化教具和鲜活的生活实例，并使用生动有趣的语言以吸引幼儿的注意。

五、学习的情绪化

学前儿童的许多活动都是情绪性的而不是理性的。学前儿童的学习也会受其情绪的影响，如学前儿童的知觉、思维和想象等都依赖于情绪。因此，学前儿童的情绪体验是影响学前儿童学习的重要因素。

学前儿童总是在一定的情绪情感的状态下开展学习活动。不同的情绪情感状态会对学前儿童的学习起到截然不同的影响。积极的情绪情感如愉快、喜欢、兴奋等，会促使学前儿童充满兴趣地去主动发现问题和探索事物，主动解决问题和完成任务，可以提高学前儿童的学习能力和学习效率；而消极的情绪如厌恶、害怕、痛苦等，则会让学前儿童处于被动学习的状态，导致学前儿童对学习不感兴趣，进而阻碍学前儿童对新事物的探索和问题的解决，降低学前儿童的活动能力和学习效率。

教师要善于激发和保持学前儿童积极的情绪情感，以促进学前儿童的学习。首先，教师要为学前儿童营造充满关爱和鼓励的心理环境，让学前儿童感受到安全感和自由感，从而产生积极的情绪，激发其活跃的思维。其次，学前儿童的情绪会受到教师情绪的影响。如果教师情绪饱满、心情愉悦，那么学前儿童也会被感染，也会表现出积极愉悦的情绪。再次，教师要关注学前儿童的兴趣和需要，选择学前儿童感兴趣的活动内容，开展生动有趣的活动，让学前儿童保持积极的情绪状态，增强学前儿童主动学习的动力。

六、学习策略萌芽并不断形成

学习策略是学习者在学习过程中进行信息加工以提高学习效率的方法和技巧。心理学家概括出学习者的学习策略有认知策略、元认知策略、资源管理策略等。随着年龄的增长，学习者的学习策略是不断变化发展的。学前儿童在学习活动中，已经开始有意识地运用一些方法和技巧来提高学习效果，学习策略已经萌芽并不断形成。学前儿童由于年龄的特殊性，学习策略不同于成人。学前儿童的学习策略也包括认知策略、元认知策略和资源管理策略等，但是与成人相比具体内容不同。

（一）学前儿童学习的认知策略

学前儿童学习的认知策略具体包括模仿策略、复述策略、分类策略和联想策略。模仿是学前儿童的基本学习方式，通过模仿策略的运用，学前儿童不断地掌握认识世界的方式；复述策略就是学前儿童通过重复的方式来加深对事物的记忆，学前儿童在故事讲述、诗歌学习、拼图等需要记忆的活动中都会反复运用到这一策略；分类策略是学前儿童的组织策略，低龄学前儿童已经会运用分类策略，如整理玩具时会把不同的玩具放到相应的位置；联想策略指学前儿童具有丰富的想象，他们在认知活动中会运用大量的联想策略来解决问题，如画妈妈时，学前儿童会给妈妈画上王冠，说要把她的妈妈画得像公主一样漂亮。

（二）学前儿童学习的元认知策略

元认知策略是学前儿童为了保证元认知活动的实现而采取的一些策略，其中包括计划策略、监控策略、检查策略和评价策略。计划策略是指学前儿童在活动前和活动中，对活动目标、材料和解决问题的策略、时间等方面进行计划安排，例如开始画跳舞小人前，学前儿童会先准备好记号笔、油画棒、纸等，想好了如何画再动笔；监控策略主要是指学前儿童在认知过程中对计划的执行情况、策略使用的有效性、自己是否理解等方面进行监控；检查策略是指学前儿童为了顺利完成任务而有意识地进行检查与补救，如进行图形拼贴，粘贴完了检查一遍哪里漏掉了，漏掉的地方再填补完整；评价策略是指学前儿童对学习活动过程的反省性总结，包括认知任务完成的效果、遇到的困难及是如何解决困难的、使用了哪些策略等。

（三）学前儿童学习的资源管理策略

资源管理策略指学前儿童努力监控和调节自身的认知情境，从而顺利完成认知任务的策略模式。学前儿童的资源管理策略有时间管理策略和求助策略等。学前儿童对时间的监控与调节能力是非常弱的。大部分学前儿童动作缓慢，没有时间意识，需要教师不断地提醒和引导才能形成最初的时间管理技能。学前儿童常用的资源管理策略是求助策略。求助策略是学前儿童调节社会环境以促进学习的一种方法。当学前儿童遇到困难的任务或者意识到需要帮助时，他们会找成人或者能力强的同伴去寻求援助。求助是学前儿童进行反思性学习和元认知活动的一种外显表现。在认知活动中，儿童首先要意识到困难是什么，才能做出向谁求助、求助什么、如何求助的行为。通过求助行为的发出，学前儿童调节社会环境和社会资源以使自己的认知活动得以顺利进行。

资料链接

幼儿园里，孩子们在玩魔尺，用魔尺变宝盒。林林左转右扭，还是没成功，他看到瑶瑶做好了宝盒在玩，就请瑶瑶帮帮他，教他怎样把魔尺折成宝盒。瑶瑶很耐心地教林林，在瑶瑶的帮助下林林终于学会自己折宝盒了，林林特别开心。

学习策略可以提高学前儿童的学习效率，让学前儿童形成良好的学习习惯，从而促进学前儿童的发展。教师要不断引导和培养学前儿童形成多样化的学习策略。例如教师应注意采用多样化的教学方式，设置开放的问题情境进行教学，引发学前儿童的多种学习策略；通过各种方式引导学前儿童学会正确评价自己，培养学前儿童积极的、独立的自我意识，使其建立自信。

本章小结

学前儿童的学习是指由经验引起的学前儿童思维、行为、能力和心理倾向等持久而深刻的变化。学前儿童是在游戏和日常生活中学习的。依据不同的维度，可以将学前儿童的学习划分为不同的类型。按照学习方式进行分类，学前儿童学习可以分为观察学习、操作学习、语言理解学习、交往学习、游戏学习、探究式学习等。这些不同的学习方式又有着不同的特点。在学前儿童学习的实际情境中，这些学习方式是交融在一起的，学前儿童需要同时采用多种学习方式来完成学习活动。

教育者要了解学前儿童学习的心理特点：学前儿童的学习行为受到学习动机的驱动；学习思维由直观动作向具体形象转变；学前儿童具体形象的思维方式决定了学习内容的直接经验性和体验性；学前儿童学习时注意具有无意性；学前儿童学习的情绪化；学前儿童的学习策略已经萌芽并不断形成。教育者要尊重学前儿童的学习特点，了解学前儿童学习的心理特点，引导学前儿童采用合适的学习方式，不断形成多样化的学习策略，促进学前儿童的发展。

本章主要内容如图所示：

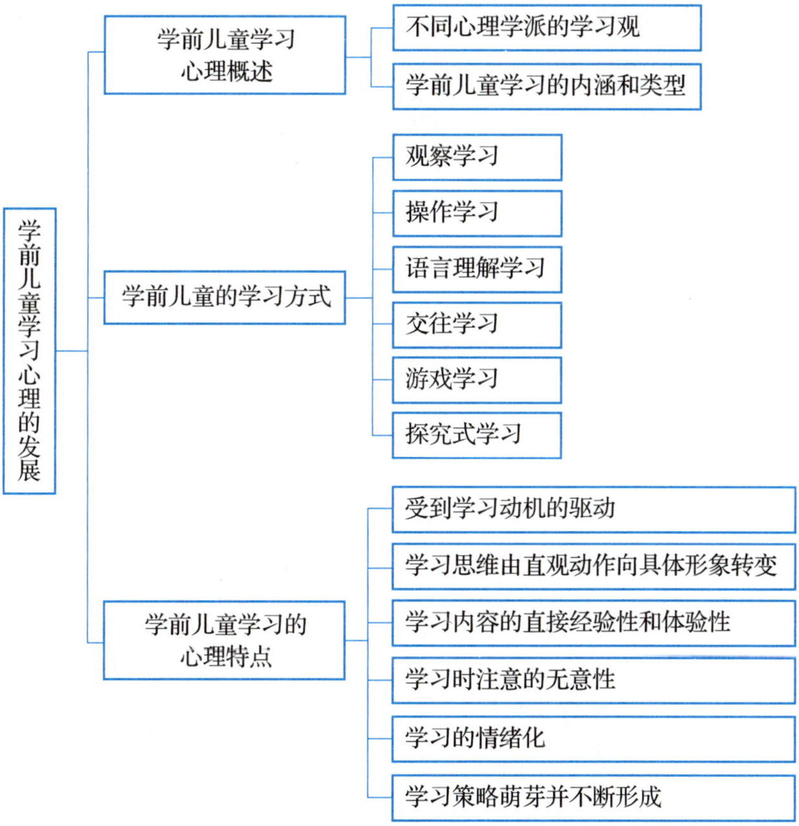

同步练习

一、名词解释

学习　观察学习　学习策略

二、简答题

1. 学习有哪些类型？

2. 简述观察学习的过程。

3. 简述探究式学习的步骤。

4. 简述学前儿童学习的认知策略。

三、活动设计题

1. 以“学前儿童的学习方式”为题，以小组为单位，查询相关资料，制作 PPT 课件，并附上具体的案例和图片，在课堂上派代表进行讲解。

2. 乐乐喜欢剪纸，他在美工区拿着剪刀，看着老师提供的示意图，想剪出一个菊花窗花。他先进行了尝试，但是没成功。他去请教老师，老师示范了怎样剪纸，剪了一半，然后让他继续剪。他终于剪出了一个菊花形状的窗花，开心极了。他看到别人剪出了雪花形状的窗花，就去看别人怎么剪的，然后又看着示意图，自己也尝试剪出了一个雪花形状的窗花。分析案例中乐乐在学习剪窗花的过程中具体运用了哪些学习策略。

第十二章　学前儿童心理健康

学习目标

1. 掌握心理健康的定义。
2. 了解心理健康对学前儿童发展的意义。
3. 掌握学前儿童心理健康的标志。
4. 掌握学前儿童心理健康的影响因素。
5. 掌握促进学前儿童心理健康的途径。
6. 掌握学前儿童常见心理问题及应对策略。

学习重难点

1. 重点：学前儿童心理健康的标志；促进学前儿童心理健康的途径。
2. 难点：学前儿童常见心理问题及应对策略。

教学建议

在教学中，可以综合运用讲授法、讨论法、案例分析法等引导学生了解学前儿童心理健康的标志以及影响学前儿童心理健康的因素，引导学生熟知促进学前儿童心理健康的途径，并可以根据学前儿童常见的心理问题提出针对性解决策略。

第一节　学前儿童心理健康概述

健康是一个广泛的概念，是指一个人在身体、心理和社会适应等方面都处于良好的状态。健康既包括生理健康，又包括心理健康。心理健康与生理健康处于同等重要的地位。学龄前期是人身心迅速发展的重要时期，学前儿童在身心发展的过程中会经历很多的冲突和挫折。在这个时期，学前儿童由于年龄小和能力、经验有限，对成人的依赖性强，需要教育者的悉心关爱。如果学前儿童从教育者那里获得足够的爱、关心和照顾的话，就会顺利度过学龄前期，能够勇敢面对各种挫折，形成健康的人格，成为一个身心健康的人。

一、心理健康的定义

心理健康是个体的一种良好的生活适应过程，是认知、情感、社会化均衡发展的过程，是个性结构的和谐状态。心理健康有两层不同的含义：一是没有明显的心理障碍或者心理疾病；二是具有良好的心理状态，情绪积极向上，勇于面对挫折和挑战，环境适应良好，能不断激发潜能和创造力，充分实现自身价值。

具有良好心理健康状态的学前儿童能够适应变化的环境，具有良好的认知、积极的情绪反应和积极的意志行为倾向，并且可以调控情绪，乐于与人交往和合作，具有健康的个性特征。

二、心理健康对学前儿童成长的重要性

（一）学前儿童心理健康研究现状

随着时代的进步、社会经济水平的提高，家长也越来越重视儿童的健康成长，但是父母更多关注的是儿童的身体健康成长，容易忽视了儿童的心理健康状况。研究表明，现在很多学前儿童存在各种心理问题，如不良行为、多动易怒、自卑退缩、紧张焦虑、挫折承受能力弱、缺乏社交等。由此可见，我国学前儿童心理健康的现状不容乐观。学龄前阶段是心理发展速度最快、最易稳固的阶段，所以教师、家长和社会需要重视学前儿童的心理健康教育，为学前儿童后续的健康成长奠定良好的基础。

（二）心理健康对学前儿童发展的意义

重视学前儿童的心理健康发展，是学前儿童身心发展的需要，也是社会发展的需要。心理健康对学前儿童终生的发展都有着极其重大的意义。

1. 会影响学前儿童的身体健康

学前儿童的身体发育和心理健康之间是相辅相成、密切相关的。身体健康是学前儿童心理健康的前提和基础，而心理健康又是学前儿童身体健康的必要保障。学前儿童心理健康，情绪积极乐观，身体也会正常分泌生长激素，精神好，胃口良好，身体也会越来越强壮。学前儿童如果存在心理问题，有着消极的情绪情感，就会胃口不佳，进而影响其身体发育。

2. 会影响学前儿童的智力发育及发展潜力

学前儿童存在心理问题时，内心会充满压力，不仅会情绪紧张、烦躁不安、心情抑郁，还会反应较慢、思维迟钝、注意力分散等，长期下去会影响他们智力的发展。心理健康的学前儿童好奇心强，喜欢接触新事物，学习轻松、愉快，能从学习中获得成就感并促进体脑发展，逐渐形成良好的学习习惯和学习品质。

3. 会影响学前儿童健全人格的形成

及时维护学前儿童的心理健康，不仅会将学前儿童的行为问题、心理障碍和心理疾病消除在萌芽状态，还会让学前儿童在认知、思维、意志、情感方面获得良好发展，从而形成健全的人格，具备良好的社会适应能力，反过来又会维护和促进学前儿童的心理健康。

三、学前儿童心理健康的标志

（一）智力发育正常

智力发育正常是人正常生活的最基本的条件，也是学前儿童心理健康的首要条件。智力一般指认知能力，主要以思维力为核心，还包括注意力、观察力、记忆力和想象力等。学前儿童智力的正常与否可以通过智商量表测试来判断。研究表明，在良好的环境和教育因素的影响下，学龄前期是个体认知能力迅速发展的阶段。

（二）情绪积极稳定

情绪是个体对客观事物的态度体验，不同的情绪还会引起不同的行为反应。情绪是个体心理活动的监控者，积极愉悦的情绪对个体的心理活动起着组织和协调的作用，消极不良的情绪则会破坏人的心理活动。积极愉悦的情绪说明个体的中枢神经系统协调稳定，也能表明个体的身心处于和谐平衡的状态。心理健康的学前儿童情绪稳定，积极向上，性格开朗，具有浓厚的活动兴趣，也具有对他人的爱和同情的情感，并会合理宣泄不良情绪，会对情绪进行自我调控。心理不健康的学前儿童不爱笑，会经常哭闹，对游戏或者学习活动不感兴趣，不善于调节自己的情绪，长期处于消极情绪状态。

（三）环境适应能力良好

心理健康的学前儿童具有较好的环境适应能力。到了陌生环境，他们会有一些不安和焦虑，但是情绪基本稳定，会对新环境好奇和充满探索欲，会较快适应新惯例和新的游戏规则，接受新事物能力较快。而心理不健康的学前儿童到了陌生环境，会产生强烈的不安和焦虑，还会哭闹，想尽快离开，拒绝接受新的惯例，较难融入新环境。

（四）人际关系融洽

与他人的交往也会体现出学前儿童的心理健康情况，学前儿童与他人建立融洽的人际关系是促进其心理健康的重要途径。心理健康的学前儿童乐于与他人交往，会形成稳定的亲子关系、师生关系和同伴关系，并会和他人进行合作，与他人关系融洽，比较受欢迎；而心理不健康的学前儿童退缩、冷漠、回避，不愿意与同伴交往，也会被同伴拒绝或者忽视。所以，人际关系融洽也是学前儿童心理健康的重要条件之一。

（五）行为统一协调

行为统一协调指学前儿童的心理活动和外在行为表现基本一致。随着心理发展的不断成熟，学前儿童会逐渐用恰当的方式表达情绪情感，也会表现出与年龄基本相符的行为特征。心理健康的学前儿童会用语言或者行为合理表达自己的想法，不会过于激动或者迟缓。如果一向活泼爱讲话的学前儿童突然有一段时间经常哭闹，不爱讲话，又怕一个人独处，言行表现不一，很可能是他的心理出现了一些问题。

学前儿童的身心发展是动态的变化过程，而心理健康也是动态的过程。学前儿童心理健康的标志可以为我们促进学前儿童心理健康发展提供参考，但是不能当做评估学前儿童心理健康的标准。教育者应该为学前儿童心理健康发展创造良好的环境，利用多种方式对学前儿童进行心理健康教育，培养其健全的人格，促进其身心健康发展。

四、影响学前儿童心理健康的因素

学前儿童心理发展速度快并且不均衡，影响学前儿童心理健康的因素也是复杂多样的。学前儿童在多种复杂因素的相互作用中成长。影响学前儿童心理健康的因素主要有生理因素、心理因素和社会因素。

（一）生理因素

1. 遗传因素

遗传因素，是学前儿童心理素质形成的前提。每个学前儿童身上既有人类共有的遗传因素，也有独特的遗传特征，这些遗传因素为学前儿童的心理发展提供了物质前提和可能性，也会影响学前儿童个性的形成。通过遗传，父母可以将自身的一些生物特征如体型、感官、神经系统的特征甚至能力与性格的某些成分传递给学前儿童。遗传的差别性奠定了学前儿童心理发展的个体性差异的基础。父母性格活泼开朗，学前儿童也容易活泼开朗；父母沉默寡言，学前儿童也趋于沉默寡言。研究表明，遗传因素在精神分裂、自闭症和抑郁症等内源性精神疾病的发病过程中具有重要影响。

2. 疾病因素

除了遗传因素之外，疾病也会影响学前儿童的心理健康。某些疾病会导致学前儿童心理失衡，造成严重的心理障碍。例如化学中毒、严重躯体疾病等都可能导致学前儿童心理障碍，甚至精神失常；流行性脑炎等中枢神经系统传染病，会导致器质性心理障碍；脑震荡、脑挫伤等可能引起学前儿童意识障碍、遗忘症、言语障碍和人格改变等；促甲状腺激素偏高会使学前儿童出现敏感、易怒、暴躁、情绪不稳和自制力减弱等心理异常表现。

生理因素是学前儿童心理健康发展的基本条件和物质前提，学前儿童只有具有发育良好的神经系统和健康的身体，才会不断完善心理机能。教育者应重视生理因素对学前儿童心理健康发展的影响。

（二）心理因素

影响学前儿童心理健康的主观因素包括学前儿童的全部心理活动，具体来说，既包括感知、记忆、言语、思维等基本心理过程，也包括学前儿童自身的气质类型、性格、自我意识、能力等。每个学前儿童的气质、性格、能力都是不一样的，对心理发展会产生不一样的影响。性格乐观开朗、能力强并具有一定独立意识的学前儿童，与他人相处融洽，更容易得到他人的喜爱，进而促进其心理健康的发展。反之，胆小、沉默、能力差又缺乏独立意识的学前儿童会被他人忽视，往往会产生自卑、焦虑的情绪，有受挫感，容易出现心理问题。教育者需要引导学前儿童树立正确的自我意识并培养其健全的人格，以促进其心理健康发展。

（三）社会因素

复杂的社会因素是影响学前儿童心理健康的重要因素，也是其心理健康发展的必要保障。学前儿童心理的发展离不开所处的社会生活环境。社会环境的变化，会对学前儿童的心理产生有益或不良的影响，学前儿童是在社会环境和教育中逐渐成长的。

1. 家庭环境

家庭是学前儿童心理发展的最重要和最基础的环境，父母是学前儿童最早的教师，学前儿童最初的教育主要是在家庭中进行的。学前儿童通过家庭生活，建立起和父母的亲子依恋关系，并通过社会化学习，逐渐形成自己的行为习惯和个性。家庭的物质生活环境和人际关系、家长的教养方式及素质等都会对学前儿童心理的健康成长产生重要影响。

家庭环境是指家庭的物质生活条件、社会地位、家庭成员之间的关系，以及家庭成员的语言、行为和感情的总和，包括实物环境、语言环境、心理环境和人际环境。温暖而有支持性的家庭环境会让学前儿童心理具有安全感和满足感。那些在单调、贫乏的环境中成长的学前儿童，其心理发展将受到阻碍，并且潜能的发展会受到抑制。那些接受丰富的刺激、受到良好照顾的儿童，更容易成为社会中的佼佼者。结构完整且气氛和谐的家庭，有利于学前儿童心理健康地发展，而父母不和谐、经常争吵的家庭以及单亲家庭，会对学前儿童身心健康成长产生不利影响，容易引发学前儿童的心理疾病。

父母的教养方式对学前儿童的心理发育有着极其重要的影响。权威型教养方式的父母给予学前儿童充足的关爱和情感支持，也会为学前儿童制定清晰的规则界限，提出明确要求，会耐心用语言和学前儿童解释沟通。权威型父母培养出来的学前儿童大多独立、友善、有独立想法和合作意识，心理较为健康。其他几种教养方式如专断型、溺爱型和忽视型的父母教育出的学前儿童或多或少都会存在一些心理问题。有关调查表明，父母在教育中表现出态度不一致、控制、打骂或者冷漠拒绝等特点时，儿童常常会表现出更多的心理健康问题。

如果学前儿童在婴儿期和父母建立了良好的依恋关系，父母给予了学前儿童充足的情感支持和鼓励，学前儿童就容易产生信任感和安全感，这种信任感和安全感的建立会对学前儿童成年后与他人的交往产生积极的促进作用。如果学前儿童在成长的早期没有和父母建立亲密互动的亲子关系或者父母在早期缺席了他的成长，学前儿童就会缺乏信任感和安全感，容易孤独无助，成年以后也很难和他人相处，容易产生人际交往方面的障碍。

2. 幼儿园环境

幼儿园作为学前儿童启蒙教育的场所，对学前儿童心理健康的形成与发展有着非常重要的作用。幼儿园教育甚至会对学前儿童终生发展产生重要影响。早期教育环境会影响他们的行为和心理感受，如果早期教育环境是令人舒适且组织良好、有吸引力的，学前儿童就愿意待在其中，并会激发他们的探索欲望，使其主动学习，获得安全感和控制感。幼儿园中影响学前儿童心理健康的因素主要包括：幼儿园环境、生活作息制度、课程方案、教师的教育方法和态度、同伴关系和师生关系等。

丰富温馨的幼儿园物质和精神环境、合理的生活作息制度、科学的幼儿园课程计划、和蔼亲切的老师、友爱的同伴，会让学前儿童产生安全感和信赖感，更容易发挥学前儿童的主动性，有利于学前儿童的心理健康发展。平等和谐的师生关系，有利于学前儿童肯定自我，获得自尊自信的体验，从而促进其心理健康发展。另外，在幼儿园里，和谐的人际关系也会让学前儿童产生安全感。

学前儿童喜欢的教师通常有以下特质：

（1）性情温柔，友善，热情，快乐，有幽默感；

（2）平等公正地对待孩子，尊重孩子的想法；

（3）乐于倾听孩子的心声，理解孩子的情感，会帮助孩子，让孩子有安全感；

（4）组织的游戏活动有趣，有才艺，会吸引孩子；

（5）给予孩子自我表现的机会，并喜欢鼓励和欣赏孩子；

（6）民主，会给孩子自由自主的权利。

3. 社会环境

学前儿童的心理健康与所处的社会环境也有密切联系，影响学前儿童心理健康的社会环境因素有城市环境、社会文化等。

现代城市人口密度过大，高层楼房住宅集中，导致学前儿童的活动空间狭小。学前儿童在单元化住宅中，较少接触外界的人，同伴和朋友很少，使其缺乏人际交往的技巧，容易形成孤僻、脆弱的性格。

社会文化也在潜移默化中影响着学前儿童，使其逐渐将社会文化要求的规则内化成自身的道德准则，形成自己的道德认知并通过道德行为表现出来。长期接触正面积极的社会文化有助于学前儿童形成正确的道德观念，发展其助人、分享、同情等道德情感，有利于学前儿童的心理健康发展；经常接触负面消极的社会文化，如电视、网络上的各种形式的暴力镜头，可能会引发学前儿童的攻击性行为或者恐惧心理，长期下去会影响其心理健康。另外，学前儿童经常直接接触电视、网络、手机等，会导致注意力分散，容易产生心理障碍。

第二节 积极促进学前儿童心理健康

一、促进学前儿童心理健康的途径

（一）营造良好的幼儿园环境

幼儿园环境是重要的教育资源，会潜移默化地影响学前儿童的心理健康。进行学前儿童心理健康教育，要重视幼儿园环境的创设和利用，既要创设整洁、优美和充满童趣的物质生活环境，又要营造温暖、安全、健康的精神环境。

教师是学前儿童游戏和学习的支持者、引导者，是学前儿童最直接的模仿和学习对象，对学前儿童的心理健康起着重要作用。所以教师要不断提高自身的心理健康水平，树立自身的榜样作用，民主、平等地对待每一个学前儿童，为学前儿童营造温暖、关爱和民主的心理气氛，用正确的教育方式引导和教育学前儿童，使其感受到爱、尊重、安全感和信任感，形成和谐民主的师幼关系。研究显示，和谐的师幼关系会加快学前儿童的社会化，促进学前儿童的认知、情绪和个性的发展。

（二）将心理健康教育渗透到一日生活中

学前儿童日常生活的各个环节中都蕴含着丰富的教育内容，不仅有智育、德育和美育等教育因素，还有心理健康教育因素。在一日生活中，既可以对学前儿童进行兴趣、情感的熏陶，又可以进行意志和个性形成的引导，在生活中进行教育是心理健康教育不可忽视的重要途径。科学合理地安排学前儿童的一日生活，既可以让学前儿童形成相对稳定的生活秩序，又能培养其独立性，提高自我服务能力。教师通过对学前儿童进行日常生活常规指导和训练，可以帮助学前儿童养成良好的行为习惯，发展学前儿童的自我认知和评价。教师应运用学前儿童一日常规生活对其进行心理健康教育，挖掘和运用蕴含在教学内容中的心理健康教育因素，将主题活动的教育目标渗透到学前儿童的一日常规生活中，让学前儿童把积极的态度情感运用到实践活动中，养成健康文明的行为习惯。教师要将心理健康教育渗透到学前儿童的一日活动的各个环节中去，以自然而然的方式，达到“润物细无声”的效果。

（三）将心理健康教育寓于各类活动之中

学前儿童在幼儿园的各种活动中通过直接感知、亲身体验和动手操作来发展能力和人格，幼儿园的各种活动都是进行心理健康教育的途径，如游戏活动、户外活动、个别化学习、运动会、社会实践活动和各类竞赛活动等。教师应设计丰富多彩的活动，为学前儿童提供活动和表现能力的机会与条件，让学前儿童多通道、多感官地参与和感受，尊重学前儿童在发展水平、能力、经验、学习方式等方面的个体差异，因材施教，从而让学前儿童在活动中学会体验、学会交往，丰富自我认知并萌发积极的情绪情感。

游戏是学前儿童最喜欢的活动，也是学前儿童学习的基本方式。游戏可以促进学前儿童认知、情绪情感、社会性和人格的发展。教师应将心理健康教育寓于游戏活动之中，通过丰富多彩的游戏，让学前儿童释放天性，宣泄不良情绪情感，保持心情愉快，学会正确处理冲突和矛盾，发展人际交往能力，形成良好的学习品质，同时矫正不良的行为。

资料链接

教师组织小朋友玩“拍皮球”的游戏。游戏一开始，就有两个小朋友突然争吵起来，教师走过去一问，原来是因为他们在争红色的皮球，都不愿意要绿色的，可红色的皮球只有一个，怎么办呢？教师思索了一会儿，便抱起那个绿球放在耳朵旁，过了一会儿，教师对两个小朋友说：“绿球刚才对我说，它长得也很漂亮，小朋友都不喜欢它，它好伤心，它想找一位好朋友，谁愿意帮助它？”教师这样一说，两个争吵的小朋友马上谦让起来，最后每人都拿到了一个球。两个小朋友笑着说：“老师，我们以后不争了。”教师对他们的这一行为给予了肯定，并以此教育小朋友们要讲文明，懂礼貌，同伴之间要互相谦让，争做好孩子。

（四）开设心理教育课程

幼儿园可以结合健康和社会领域的课程安排，定期开展心理健康教育课程。课程设计可以以游戏体验的方式进行，让学前儿童通过直接感受和亲身体验的方式参与其中，从而提高学前儿童的心理素质。隐性课程作为心理健康教育的必要组成部分，会对学前儿童的心理健康发展产生潜移默化的影响。因此，教师需要树立整体课程观念，将各种类型的心理健康教育课程整合，融入幼儿园心理健康教育整体课程方案的制定和实施中。

（五）进行心理健康辅导

幼儿园可以开设专门的心理咨询室，由取得心理咨询师资格的教师运用心理学的理论和技术，对存在心理健康问题与障碍的学前儿童进行心理健康辅导。通过心理健康辅导，可以提高学前儿童的心理素质，激发其发展潜能，帮助他们更好地适应社会环境。心理辅导活动可以以团体心理辅导活动的形式面向全体学前儿童开展，但更多的是针对存在心理冲突与矛盾或者严重心理行为问题的学前儿童，开展个别化心理咨询与辅导。心理健康教师要关注学前儿童内在的心理需要和外在的行为表现，采用强化法、代币奖励法、行为塑造法、自我控制法等心理辅导方法对学前儿童进行辅导，提高其应对挫折和心理矛盾冲突的能力，改善其不良行为，逐渐恢复其心理健康状态。

（六）加强家园合作

学前儿童的心理健康深受早期家庭环境的影响。完善的家庭结构、良好的家庭人际关系、家长本身的良好素养及对子女正确的教养方式更有利于学前儿童的身心健康发展。首先，家长要努力营造和谐愉快、充满关爱和尊重的家庭氛围，让学前儿童在家庭中感受到温暖，进而形成稳定的情绪情感、安全感和信任感，萌发自信心和进取心。其次，家长要保持家庭环境整洁，培养学前儿童良好的生活和作息习惯，鼓励学前儿童自己的事情自己做，提高学前儿童的生活自理能力，发展学前儿童的主动性。再次，家长在关心学前儿童身体健康的基础上，也要有意识地掌握一些学前儿童心理健康的知识，用正确的方式教育学前儿童，为学前儿童提供与同伴交往和参与社会生活的机会，并提供良好的示范榜样。最后，家园要求要一致，将教师的教育模式引入到家庭教育中去，在家里也按照幼儿园的行为准则来要求学前儿童，以巩固其良好的行为习惯。

在家园配合方面，教师要经常与家长沟通学前儿童的情况，加强家长对学前儿童心理健康教育的认识，家园共育。另外，幼儿园还可以通过开设专门的心理健康教育讲座、家长座谈会、家园宣传栏等方式提高父母自身的心理素质和对学前儿童心理的认识。学前儿童心理健康发展是家庭、幼儿园、社会环境等多方面因素相互影响的结果，要尽可能做到家园教育一致，保证学前儿童心理健康教育的延续性和有效性。

二、学前儿童常见心理问题及应对策略

学前儿童的心理健康是学前儿童人格完善的必要条件，是学前儿童全面发展的内

在基础。只有在心理健康的基础上，学前儿童才可能有充分而全面的发展。如果身体健全，但是心理不健康，那学前儿童在以后的发展中就会受到限制，有可能出现人格障碍或心理疾患。目前，在部分学前儿童中存在着一些不同程度的心理健康问题。

（一）攻击性行为

资料链接

幼儿小雷、琦琦和涛涛在建构区搭积木。过了一会儿，琦琦过来和老师说："老师，小雷把我搭的城堡推倒了，他还打我。"涛涛也说："老师，小雷打琦琦了，也把我的积木推倒了。他还说他是怪兽，要来打我们。"小雷是个活泼爱动的男孩子，经常会动手打人，这次他又打小朋友了。

1. 定义

攻击性行为指学前儿童对他人通过动作或语言进行直接或者间接伤害的行为。攻击性行为是一种常见的问题行为，包括打人、咬人、踢人、破坏他人的东西等行为，是一种反社会行为。

2. 原因分析

攻击性行为产生的原因大致有以下四种：一是受生理因素的影响，有些学前儿童性格急，不容易控制自己的行为；二是有些学前儿童生活在高压家庭环境中，父母经常体罚学前儿童，成为学前儿童习得攻击性行为的负面榜样；三是父母无条件地溺爱学前儿童，满足其各种要求，导致学前儿童具有强烈的占有欲，在需求得不到满足时便以攻击性行为发泄不满情绪；四是学前儿童曾经观察模仿他人的攻击性行为，内化为自身的行为。

长期存在攻击性行为的学前儿童，不会与他人相处，不受欢迎，可能会出现社交困难，延续到成人后，甚至会演变成犯罪行为，会面临更大的问题。

3. 应对策略

（1）为学前儿童创造积极的互动环境。

教师应为学前儿童创设宽松、民主的互动环境，多关注有攻击性行为的学前儿童，要及时采取措施防止攻击性行为的发生。教师要用科学的方式示范、引导有攻击性行为的幼儿与其他孩子互动。

（2）强化学前儿童适宜的社会行为。

当有攻击性行为的儿童出现了积极的社会行为如友好相处行为、助人行为时，教师要及时对其进行表扬，强化其适宜行为，让他知道教师一直在关注他，为他的适宜社会行为感到高兴。

（3）设置自我控制区域。

当儿童出现攻击性行为时，先安抚好被伤害的儿童，然后请做出攻击性行为的儿童待在自我控制区域，告诉他什么时候准备好和伙伴们一起玩了再出来，然后教师走开，让该儿童自己冷却情绪，同时提醒其他儿童不要靠近自我控制区域。

（4）提高自控能力。

教师可以通过树立正面的榜样的方法，如表扬某个小朋友，因为他经常帮助别人，会关心别人，来激发学前儿童正确的道德观念，使其学会用社会规范约束自己。同时应注重培养有攻击性行为的学前儿童的同理心，让他感受受害儿童的痛感，这样可以有效抑制其攻击性行为。

对于有攻击性行为的学前儿童，教师要用充满爱心和耐心的教育方法，为其树立正确的榜样，多鼓励、多表扬，培养其助人和善良的品质。

（二）多动症

1. 定义

多动症是一种以注意力缺陷和活动过度为主要特征的行为障碍综合征。多动症在学前儿童中较为常见，男童中出现多动症的概率大于女童。患有多动症的学前儿童非常好动，注意力不集中；上课时不能集中注意力听，喜欢做各种小动作，还经常走神；参与个别化学习活动或者游戏活动时，也不能集中精神，缺乏自制力；经常未经考虑就行动，有时还会突然喊叫，袭击同伴。

2. 原因分析

学前儿童的多动倾向往往是由环境压力过大、家庭环境不融洽、脑部受过损伤等原因造成的。

3. 应对策略

作为教师，要正确认识多动症儿童的行为，理解他们的表现，同时，运用正确的教育方法帮助多动症儿童逐步改变自己的行为。

（1）游戏训练法，提高自控能力。

游戏是提高多动症儿童的自控能力的有效途径。教师可以指导多动儿童参加一些释放精力的活动，如跑步、打球、跳绳等各种运动类游戏。另外，教师还可以引导多动儿童参加力所能及的劳动，并及时加以表扬、鼓励，从而转移其注意力，培养其正确有序、认真做事的习惯。

（2）正面强化法。

教师可以在上课时创造机会让多动儿童多表现，正面强化其积极的社会行为。可以运用自我教育法，使其认识到多动行为的危害，改变不良行为，增强克服多动行为的自觉性。

（3）兴趣培养法。

培养多动学前儿童的静态兴趣，如阅读、做手工、科学观察等，逐步增长活动时间，同时观察他的兴趣点，多挖掘他的兴趣并给予引导，加强培养，让其自己有事可做，有事可想，并及时对其进行鼓励和表扬，强化其正面行为。

（4）家园配合法。

家长要关心多动儿童，营造良好的家庭环境，同时，尽量减少不良言行对孩子的影响。在家里多给孩子关怀，多陪孩子活动，不要总让孩子一个人玩耍。家长还要给孩子积极良好的情绪示范，避免不良情绪对孩子的影响。

（三）说谎

1. 定义

说谎指学前儿童说出的话不符合事实，用依靠想象编造出来的话来骗人的行为。学前儿童说谎包括两种类型：无意说谎和有意说谎。

资料链接

乐乐和瑶瑶说：“东北下大雪了。妈妈带着我坐飞机去东北滑雪了。滑雪可好玩了。”其实是乐乐妈妈去东北旅游过，但是没有带乐乐去。乐乐渴望去，就和小伙伴说她去过东北了。

上述案例中学前儿童的行为就是无意说谎。对于这种行为，没必要对学前儿童进行批评教育，只要引导他们正确表述就行了。

资料链接

6岁的宁宁在美工区玩太空泥后，没有把泥工板整理起来。老师问：“谁没有把泥工板整理好？”宁宁说：“悦悦。”悦悦说：“不是我，是宁宁。”其他孩子也说是宁宁没有整理。

宁宁这种行为就是有意说谎，她为了逃避批评或者惩罚故意歪曲事实。

2. 原因分析

学前儿童无意说谎的原因：学前儿童想象力丰富，但是想象仍处于初级阶段，并且缺乏一定的知识经验。他们有时候会记忆错误，把现实和想象混淆，或者把想要的东西当成已经拥有的，还会把希望发生的事情当做已经做过的事情说出来。学前儿童用想象的方式把内心的愿望表达出来，就成了一种无意说谎行为。

学前儿童有意说谎的原因：一是怕做错了事情受到惩罚，不想被成人批评或者挨打；二是可能生活在不良的家庭环境中，通过模仿习得了说谎行为，会经常性说谎。

3. 应对策略

对于学前儿童的有意说谎行为，教师要进行正确引导。

（1）用生动形象的方式进行正面引导。

从实际出发，既可以运用榜样、范例的力量，对学前儿童进行正面引导，还可以通过讲故事、玩游戏等生动形象的方式，如故事《狼来了》，让学前儿童明白说谎的坏处，改正说谎行为。

（2）以宽容的态度，对学前儿童进行诚信教育。

根据学前儿童的年龄特点，进行不同层次的教育。教师要培养小班和中班学前儿童的物权意识和自我控制能力，让他们分清自己的、别人的或幼儿园的东西，学会自我控制，不说谎话。如发现有的孩子拿了别人的东西又撒谎说是自己的，教师要在不损害学前儿童自尊心的前提下进行个别教育，帮助其分辨是非，学会自我控制。对于大班儿童可以运用说服教育法，帮他们分析说谎的后果，教育他们勇于承认错误。

（3）家园合作，保持教育一致。

加强家园联系是教育学前儿童不说假话、养成诚实的品格的重要途径。教师和家长要言行一致，以身作则，密切配合。当学前儿童说谎时，要温和地和他讲道理，让学前儿童产生信任感，敢讲真话，培养学前儿童诚实守信的品格。

（四）恐惧心理

资料链接

刚开学不久的一天中午，孩子们都在小床上熟睡着。突然，狂风大作，电闪雷鸣，所有孩子都被轰隆隆的雷声吓醒了，但谁也没有其他异常的表现，孩子们翻了翻身就又睡着了。只有坤坤小朋友，吓得捂着被子哭了起来！对于雷声，他表现出了一种异乎其他学前儿童的恐惧。老师只能轻轻地告诉他打雷是正常现象，在房间里也不会受伤，不用害怕，万一有什么事情发生，老师也会保护他。然后，老师给他盖好被子，轻轻地拍他的背让他慢慢放松下来。

1. 定义

恐惧心理作为一种情绪障碍，在学前儿童中较为常见。一般情况下，恐惧情绪是短暂的、不会引起过分的恐慌。而有些学前儿童会出现持续的、严重的恐惧情绪，表现为适应行为异常和焦虑、紧张，这种状况不利于学前儿童的心理健康发展。学前儿童的恐惧心理也是多样的。按主体来划分，有个体恐惧心理和群体恐惧心理，如个别儿童怕兔子，而绝大多数儿童怕黑；按引起恐惧的事件来划分，最常见的有动物恐惧、社交恐惧、自身损伤恐惧、对自然事物和现象的恐惧，其中，社交恐惧如儿童怕见陌生者，现象恐惧如儿童怕影子等。

2. 原因分析

第一，对恐惧表象的误解。学前儿童的恐惧心理大部分是由于对引起恐惧的事物或现象没有一个全面而正确的认识而产生的。例如，许多学前儿童都坚信妖怪是存在的，而且有魔法。再如，母亲送学前儿童到幼儿园后准备离开，学前儿童以为母亲要遗弃自己而大哭不止。

第二，恐惧刺激的泛化。即由于害怕一种刺激物，进而发展成惧怕与之相似或相关联的其他刺激物。这些刺激物的核心特征相同或刺激物之间有某种意义上的联系，因而只要看到其中的一个相关刺激物，就会立刻联想到核心刺激物，导致恐惧情绪的产生。例如，某学前儿童一开始害怕兔子，后来发展成怕羽毛、棉花、羊毛，最后只要是毛茸茸的东西他都会惧怕。

第三，难以适应新的刺激。当陌生人出现，或进入新的环境，又或熟悉的情境发生意料不到的变化时，学前儿童之前掌握的应对方法没有效果，还没有学会新的应对方式，恐惧感就会产生。例如，刚上幼儿园，面对新环境，学前儿童不知如何应对而心生恐惧。

3. 应对策略

（1）重建科学的认知。

儿童因对事物缺乏正确认识而产生恐惧时，教师应该给出合情合理的解释，才能帮助他们克服恐惧心理。例如，对于怕鬼怪的学前儿童，就要告诉他们鬼怪是不存在的，用不着怕。对于害怕雷电轰鸣的学前儿童，就给他们讲述这种自然现象的发生过程，通过科学的讲解消除学前儿童的恐惧。

（2）系统脱敏法。

当学前儿童惧怕无须恐惧的事物时，教师可以诱导他逐步接近所怕事物，分步骤、分阶段消除其对特定对象的恐惧。比如学前儿童害怕小兔子，可以先和他一起阅读与小兔有关的绘本，让他知道小兔子是很可爱的；然后给他买小兔子玩偶，让他感受小兔不可怕；再让他远远地看看养在笼子里的小兔子，再逐渐靠近观察，最后可以把小白兔放出来在院子里跑。这样循序渐进地引导，会改变学前儿童对兔子的惧怕。

（3）培养学前儿童适应变化的能力。

教师应该告诉学前儿童，面对新情境时大人也会因为陌生而担忧。教师可以示范如何与同伴交往，多运用鼓励的方式，激发学前儿童的自尊心与自信心，让其不怕困难和挑战，并勇敢面对恐惧。

本章小结

心理健康是个体的一种良好的生活适应过程，是认知、情感、社会化均衡发展的过程，是个性结构的和谐状态。心理健康发展对学前儿童的成长具有重要意义：会影响学前儿童的身体健康；会影响学前儿童的智力发育及发展潜力；会影响学前儿童健全人格的形成。学前儿童心理健康的标志有智力发育正常、情绪积极稳定、环境适应能力良好、人际关系融洽、行为统一协调等。影响学前儿童心理健康的因素主要有遗传和疾病等生理因素、心理因素和包括家庭环境、幼儿园环境、社会环境等在内的社会因素。

教育者促进学前儿童心理健康的途径包括：营造良好的幼儿园环境；将心理健康教育渗透到一日生活中；将心理健康教育寓于各类活动之中；开设心理教育课程；进行心理健康辅导；加强家园合作等。在学前儿童中存在着一些不同程度的心理健康问题，如攻击性行为、多动症、说谎、恐惧心理等，教育者要采取一定的应对策略，帮助学前儿童解决心理健康问题，促进学前儿童的身心健康发展。

本章主要内容如图所示：

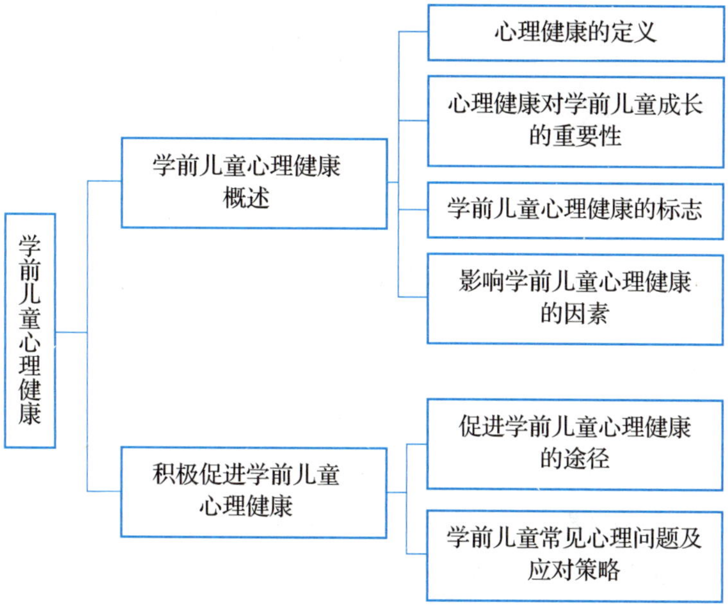

同步练习

一、名词解释

心理健康　攻击性行为　多动症

二、简答题

1. 学前儿童心理健康的标志有哪些？
2. 简述心理健康对学前儿童发展的意义。
3. 简述促进学前儿童心理健康的途径。

三、活动设计题

1. 学生自由组队，分成若干组，分别扮演教师和幼儿，模拟幼儿出现心理健康问题时的状况及展现教师促进幼儿心理健康的多种途径。

2. 以小组为单位，利用课余时间，进入幼儿园现场观察幼儿或者对幼儿教师进行访谈，从而了解学前儿童存在的常见心理问题，就其中一种心理问题进行具体案例分析并提出解决措施。每组做 PPT，在课堂上作分享汇报。

参考文献

1. 刘万伦．学前儿童发展心理学．2版．上海：复旦大学出版社，2017.

2. 林崇德．发展心理学．2版．北京：人民教育出版社，2009.

3. 刘新学，唐雪梅．学前心理学．2版．北京：北京师范大学出版社，2014.

4. 刘梅．儿童发展心理学．2版．北京：清华大学出版社，2016.

5. 皮亚杰．儿童的语言与思维．傅统先，译．北京：文化教育出版社，1980.

6. 方富熹，方格．儿童发展心理学．北京：人民教育出版社，2005.

7. 陈帼眉．学前心理学．2版．北京：人民教育出版社，2003.

8. 陈帼眉．幼儿心理学．2版．北京：北京师范大学出版社，2017.

9. 李京蕾．学前心理学．北京：清华大学出版社，2018.

10. 贾云秋．学前儿童心理发展．北京：北京理工大学出版社，2017.

11. 桑标．当代儿童发展心理学．上海：上海教育出版社，2003.

12. 方富熹，方格，林佩芬．幼儿认知发展与教育．北京：北京师范大学出版社，2003.

13. 彭聃龄．普通心理学．5版．北京：北京师范大学出版社，2019.

14. 陈帼眉，冯晓霞，庞丽娟．学前儿童发展心理学．北京：北京师范大学出版社，2013.

15. 沈雪梅．学前儿童心理发展分析与指导．2版．上海：复旦大学出版社，2017.

16. 邱学青．学前儿童游戏．4版．南京：江苏教育出版社，2008.

17. 杨枫．学前儿童游戏．3版．北京：高等教育出版社，2018.

18. 罗伯特·S. 费尔德曼．儿童发展心理学．苏彦捷，等译．北京：机械工业出版社，2015.

19. 陈帼眉，姜勇．幼儿教育心理学．北京：北京师范大学出版社，2007.

20. 罗伯特·斯莱文．教育心理学：理论与实践．姚梅林，等译．北京：人民邮电出版社，2017.

21. 陈琦，刘儒德．教育心理学．2 版．北京：高等教育出版社，2005.

22. 林泳海，刘名卓．幼儿教育心理．北京：北京师范大学出版社，2014.

23. 华生．行为主义．李维，译．杭州：浙江教育出版社，1998.

24. 杨柯．学前儿童发展心理学．成都：西南交通大学出版社，2015.

25. 王振宇．学前儿童发展心理学．2 版．北京：人民教育出版社，2015.

26. 刘吉祥，刘慕霞．学前儿童发展心理学．4 版．长沙：湖南大学出版社，2016.